技工院校"十四五"规划服装设计与制作专业系列教材
中等职业技术学校"十四五"规划艺术设计专业系列教材

# 服装陈列与展示

蔡文静 荆杰 张秀婷 陈婕 主编

熊洁 谭珈奇 吴建敏 副主编

华中科技大学出版社
http://www.hustp.com
中国·武汉

# 内容提要

本书从服装陈列概述、服装店铺陈列空间规划、服饰陈列与展示技巧、陈列氛围营造、橱窗陈列设计等方面进行深入的分析与讲解，帮助学生了解服装陈列的发展历史，掌握服装陈列的类别，以及男装、女装、童装的陈列方法。本书结合服装专业学习的基础脉络，运用图文并茂的方式展开知识点的讲解和实训。本书内容全面，条理清晰，注重理论与实践的结合，符合职业院校的人才培养需求，同时也可作为服装设计及营销行业人员的入门教材。

图书在版编目（CIP）数据

服装陈列与展示 / 蔡文静等主编 . — 武汉：华中科技大学出版社，2022.7
ISBN 978-7-5680-8444-4
Ⅰ.①服… Ⅱ.①蔡… Ⅲ.①服装－陈列设计－教材Ⅳ.① TS942.8
中国版本图书馆 CIP 数据核字 (2022) 第 119869 号

# 服装陈列与展示
Fuzhuang Chenlie Yu Zhanshi

蔡文静　荆杰　张秀婷　陈婕　主编

策划编辑：金　紫
责任编辑：周怡露
装帧设计：金　金
责任监印：朱　玢
出版发行：华中科技大学出版社（中国·武汉）　　电　话：（027）81321913
　　　　　武汉市东湖新技术开发区华工科技园　　邮　编：430223
录　　排：天津清格印象文化传播有限公司
印　　刷：湖北新华印务有限公司
开　　本：889mm×1194mm 1/16
印　　张：9
字　　数：275 千字
版　　次：2022 年 7 月第 1 版第 1 次印刷
定　　价：58.00 元

# 技工院校"十四五"规划服装设计与制作专业系列教材
# 中等职业技术学校"十四五"规划艺术设计专业系列教材
## 编写委员会名单

### ● 编写委员会主任委员

文健（广州城建职业学院科研副院长）　　　　　宋雄（广州市工贸技师学院文化创意产业系副主任）

叶晓燕（广东省城市技师学院环境设计学院院长）　张倩梅（广东省城市技师学院文化艺术学院院长）

周红霞（广州市工贸技师学院文化创意产业系主任）吴锐（广州市工贸技师学院文化创意产业系广告设计教研组组长）

黄计惠（广东省轻工业技师学院工业设计系教学科长）汪志科（佛山市拓维室内设计有限公司总经理）

罗菊平（佛山市技师学院艺术与设计学院副院长）　林姿含（广东省服装设计师协会副会长）

吴建敏（东莞市技师学院商贸管理学院服装设计系主任）蔡建华（山东技师学院环境艺术设计专业部专职教师）

赵奕民（阳江市第一职业技术学校教务处主任）　石秀萍（广东省粤东技师学院工业设计系副主任）

### ● 编委会委员

陈杰明、梁艳丹、苏惠慈、单芷颖、曾铮、陈志敏、吴晓鸿、吴佳鸿、吴锐、尹志芳、陈思彤、曾洁、刘毅艳、杨力、曹雪、高月斌、陈矗、高飞、苏俊毅、何淦、欧阳敏琪、张琮、冯玉梅、黄燕瑜、范婕、杜聪聪、刘新文、陈斯梅、邓卉、卢绍魁、吴婧琳、钟锡玲、许丽娜、黄华兰、刘筠烨、李志英、许小欣、吴念姿、陈杨、曾琦、陈珊、陈燕燕、陈媛、杜振嘉、梁露茜、何莲娣、李谋超、刘国孟、刘芊宇、罗泽波、苏捷、谭桑、徐红英、阳彤、杨殿、余晓敏、刁楚舒、鲁敬平、汤虹蓉、杨嘉慧、李鹏飞、邱悦、冀俊杰、苏学涛、陈志宏、杜丽娟、阳丽艳、黄家岭、冯志瑜、丛章永、张婷、劳小芙、邓梓艺、龚芷玥、林国慧、潘启丽、李丽雯、赵奕民、吴勇、刘洁、陈玥冰、赖正媛、王鸿书、朱妮迈、谢奇肯、杨晓玲、吴滨、胡文凯、刘灵波、廖莉雅、李佑广、曹青华、陈翠筠、陈细佳、代蕙宁、古燕苹、胡年金、荆杰、李津真、梁泉、吴建敏、徐芳、张秀婷、周琼玉、张晶晶、李春梅、高慧兰、陈婕、蔡文静、付盼盼、谭珈奇、熊洁、陈思敏、陈翠锦、李桂芳、石秀萍、周敏慧、邓兴兴、王云、彭伟柱、马殷睿、汪恭海、李竞昌、罗嘉劲、姚峰、余燕妮、何蔚琪、郭咏、马晓辉、关仕杰、杜清华、祁飞鹤、赵健、潘泳贤、林卓妍、李玲、赖柳燕、杨俊龙、朱江、刘珊、吕春兰、张焱、甘明坤、简为轩、陈智盖、陈佳宜、陈义春、孔百花、何旭、刘智志、孙广平、王婧、姚歆明、沈丽莉、施晓凤、王欣苗、陈洁冬、黄爱莲、郑雁、罗丽芬、孙铁汉、郭鑫、钟春琛、周雅靓、谢元芝、羊晓慧、邓雅升、阮燕妹、皮添翼、麦健民、姜兵、童莹、黄汝杰、薛晓旭、陈聪、邝耀明

### ● 总主编

文健，教授，高级工艺美术师，国家一级建筑装饰设计师。全国优秀教师，2008年、2009年和2010年连续三年获评广东省技术能手。2015年被广东省人力资源和社会保障厅认定为首批广东省室内设计技能大师，2019年被广东省教育厅认定为建筑装饰设计技能大师。中山大学客座教授，华南理工大学客座教授，广州大学建筑设计研究院室内设计研究中心客座教授。出版艺术设计类专业教材120种，拥有具有自主知识产权的专利技术130项。主持省级品牌专业建设、省级实训基地建设、省级教学团队建设3项。主持100余项室内设计项目的设计、预算和施工，项目涉及高端住宅空间、办公空间、餐饮空间、酒店、娱乐会所、教育培训机构等，获得国家级和省级室内设计一等奖5项。

## ● 合作编写单位

**（1）合作编写院校**

| | |
|---|---|
| 广州市工贸技师学院 | 广州市蓝天高级技工学校 |
| 佛山市技师学院 | 茂名市交通高级技工学校 |
| 广东省城市技师学院 | 广州城建技工学校 |
| 广东省轻工业技师学院 | 清远市技师学院 |
| 广州市轻工技师学院 | 梅州市技师学院 |
| 广州白云工商技师学院 | 茂名市高级技工学校 |
| 广州市公用事业技师学院 | 汕头技师学院 |
| 山东技师学院 | 广东省电子信息高级技工学校 |
| 江苏省常州技师学院 | 东莞实验技工学校 |
| 广东省技师学院 | 珠海市技师学院 |
| 台山敬修职业技术学校 | 广东省机械技师学院 |
| 广东省国防科技技师学院 | 广东省工商高级技工学校 |
| 广州华立学院 | 深圳市携创高级技工学校 |
| 广东省华立技师学院 | 广东江南理工高级技工学校 |
| 广东花城工商高级技工学校 | 广东羊城技工学校 |
| 广东岭南现代技师学院 | 广州市从化区高级技工学校 |
| 广东省岭南工商第一技师学院 | 肇庆市商业技工学校 |
| 阳江市第一职业技术学校 | 广州造船厂技工学校 |
| 阳江技师学院 | 海南省技师学院 |
| 广东省粤东技师学院 | 贵州省电子信息技师学院 |
| 惠州市技师学院 | 广东省民政职业技术学校 |
| 中山市技师学院 | 广州市交通技师学院 |
| 东莞市技师学院 | 广东机电职业技术学院 |
| 江门市新会技师学院 | 中山市工贸技工学校 |
| 台山市技工学校 | 河源职业技术学院 |
| 肇庆市技师学院 | 山东工业技师学院 |
| 河源技师学院 | 深圳市龙岗第二职业技术学校 |

**（2）合作编写组织**

广州市赢彩彩印有限公司
广州市壹管念广告有限公司
广州市璐鸣展览策划有限责任公司
广州波错展览设计有限公司
广州市风雅颂广告有限公司
广州质本建筑工程有限公司
广东艺博教育现代化研究院
广州正雅装饰设计有限公司
广州唐寅装饰设计工程有限公司
广东建安居集团有限公司
广东岸芷汀兰装饰工程有限公司
广州市金洋广告有限公司
深圳市千千广告有限公司
广东飞墨文化传播有限公司
北京迪生数字娱乐科技股份有限公司
广州易动文化传播有限公司
广州市云图动漫设计有限公司
广东原创动力文化传播有限公司
菲逊服装技术研究院
广州珈钰服装设计有限公司
佛山市印艺广告有限公司
广州道恩广告摄影有限公司
佛山市正和凯歌品牌设计有限公司
广州泽西摄影有限公司
Master 广州市爆大师艺术摄影有限公司

# 序言

　　技工教育和中职中专教育是中国职业技术教育的重要组成部分，主要承担培养高技能产业工人和技术工人的任务。随着"中国制造2025"战略的逐步实施，建设一支高素质的技能人才队伍是实现规划目标的必备条件。如今，国家对职业教育越来越重视，技工和中职中专院校的办学水平已经得到很大的提高，进一步提高技工和中职中专院校的教育、教学和实训水平，提升学生的职业技能，弘扬和培育工匠精神，已成为技工院校和中职中专院校的共同目标。而高水平专业教材建设无疑是技工院校和中职中专院校教育特色发展的重要抓手。

　　本套规划教材以国家职业标准为依据，以综合职业能力培养为目标，以典型工作任务为载体，以学生为中心，根据典型工作任务和工作过程设计教学项目和学习任务。同时，按照工作过程和学生自主学习的要求进行内容设计，实现理论教学与实践教学合一、能力培养与工作岗位对接合一、实习实训与顶岗工作合一。

　　本套规划教材的特色在于，在编写体例上与技工院校倡导的"教学设计项目化、任务化，课程设计教、学、做一体化，工作任务典型化，知识和技能要求具体化"紧密结合，体现任务引领实践的课程设计思想，以典型工作任务和职业活动为主线设计教材结构，以职业能力培养为核心，将理论教学与技能操作相融合作为课程设计的抓手。本套规划教材在理论讲解环节做到简洁实用、深入浅出；在实践操作训练环节体现以学生为主体的特点，创设工作情境，强化教学互动，让实训的方式、方法和步骤清晰，可操作性强，并能激发学生的学习兴趣，促进学生主动学习。

　　本套规划教材由全国50余所技工院校和中职中专院校服装设计专业共60余名一线骨干教师与20余家服装设计公司一线服装设计师联合编写。校企双方的编写团队紧密合作，取长补短，建言献策，让本套规划教材更加贴近专业岗位的技能需求，也让本套规划教材的质量得到了充分的保证。衷心希望本套规划教材能够为我国职业教育的改革与发展贡献力量。

技工院校"十四五"规划服装设计与制作专业系列教材

中等职业技术学校"十四五"规划艺术设计专业系列教材

总主编

教授/高级技师 文健

2021年5月

# 前 言

　　服装陈列与展示是服装设计专业学生的一门必修课，重在理论联系实践。服装陈列是展示服装的窗口，优秀的服装陈列设计不仅能提升服装品牌的影响力，还能吸引顾客进店，促进消费。优秀的服装陈列激发了消费者的购买冲动和购买行为，服装能销售出去让消费者充满自信感受才是服装销售的目的和重点。

　　本书从服装陈列概述、服装店铺陈列空间规划、服饰陈列与展示技巧、陈列氛围营造、橱窗陈列设计等方面进行深入的分析与讲解，帮助学生了解服装陈列的发展历史，掌握服装陈列的类别，以及男装、女装、童装的陈列方法。本书结合服装设计专业知识的基础脉络，运用图文并茂的方式展开知识点的讲解和实训。

　　本书在编写体例上与技工院校倡导的教学设计项目化、任务化，课程设计教实一体化，知识和技能要求具体化等要求紧密结合。体现任务引领、实践导向的课程设计思想，以综合职业能力培养为核心，理论教学与技能操作融会贯通为课程设计的抓手。本书知识、技能讲解合理，能在每个学习阶段激发学生的学习兴趣，调动学生主动学习。

　　本书在编写过程中得到了广东省轻工业技师学院、广东省城市技师学院等兄弟院校师生的大力支持和帮助，在此表示衷心的感谢。由于编者的学术水平有限，本书可能存在一些不足之处，敬请读者批评指正。

蔡 文 静

2022 年 5 月

# 课时安排（建议课时 48）

| 项目 | 课程内容 | 课时 | |
|---|---|---|---|
| **项目一**<br>服装陈列概述 | 学习任务一　陈列的概念和目的 | 1 | 4 |
| | 学习任务二　服装陈列的类别 | 2 | |
| | 学习任务三　服装陈列发展现状及风格 | 1 | |
| **项目二**<br>服装店铺陈列空间规划 | 学习任务一　整体空间规划 | 1 | 8 |
| | 学习任务二　服装店铺导入区域设计 | 1 | |
| | 学习任务三　服装店铺销售性区域陈列设计 | 2 | |
| | 学习任务四　服装店铺服务区域陈列设计 | 2 | |
| | 学习任务五　服装店铺动线设计 | 2 | |
| **项目三**<br>服装陈列与展示技巧 | 学习任务一　服装货架及衣物整理 | 2 | 12 |
| | 学习任务二　叠装陈列及规范 | 2 | |
| | 学习任务三　挂放陈列及规范 | 2 | |
| | 学习任务四　人模陈列与展示 | 2 | |
| | 学习任务五　服装饰品陈列及规范 | 2 | |
| | 学习任务六　服装陈列与展示组合 | 2 | |
| **项目四**<br>陈列氛围营造 | 学习任务一　服装陈列道具 | 2 | 12 |
| | 学习任务二　服装陈列照明 | 2 | |
| | 学习任务三　服装店铺色彩 | 2 | |
| | 学习任务四　服装店铺 POP 设计 | 4 | |
| | 学习任务五　服装店铺音乐设计与气味营造 | 2 | |
| **项目五**<br>橱窗陈列设计 | 学习任务一　橱窗的分类与原则 | 2 | 8 |
| | 学习任务二　橱窗设计方法和设计方案的制定 | 6 | |
| **项目六**<br>男装陈列技巧 | 学习任务一　男装陈列特点 | 2 | 12 |
| | 学习任务二　男士正装陈列 | 2 | |
| | 学习任务三　男士休闲装陈列 | 4 | |
| | 学习任务四　男装橱窗陈列设计 | 4 | |
| **项目七**<br>女装陈列技巧 | 学习任务一　女装陈列原则和出样方法 | 4 | 8 |
| | 学习任务二　女装橱窗陈列设计 | 4 | |
| **项目八**<br>童装陈列技巧 | 学习任务一　童装陈列原则 | 2 | 8 |
| | 学习任务二　童装橱窗陈列设计 | 6 | |
| **项目九**<br>促销活动卖场陈列及氛围营造 | | | 8 |

# 目录

# 项目一
# 服装陈列概述

学习任务一　陈列的概念和目的
学习任务二　服装陈列设计的类别
学习任务三　服装陈列发展现状及风格

## 陈列的概念和目的

### 教学目标

（1）专业能力：了解陈列的概念和目的，能分析服装陈列设计案例。

（2）社会能力：能收集服装陈列资料，并形成资源库。

（3）方法能力：设计分析能力、归纳总结能力。

### 学习目标

（1）知识目标：了解服装陈列的概念和目的。

（2）技能目标：能用思维导图的方式整理出服装陈列的概念和目的。

（3）素质目标：自主学习、团队合作，扩大认知领域，提高专业认知能力。

### 教学建议

#### 1. 教师活动

（1）教师前期收集各种服装陈列图片和视频等资料，并运用多媒体课件、教学视频等多种教学手段，深入浅出、通俗易懂地进行服装陈列知识点讲授和应用案例分析。

（2）教师分析服装陈列的知识要点，并引导学生分析服装陈列设计案例。

#### 2. 学生活动

（1）根据教师展示的服装陈列图片，理解服装陈列的概念和目的。

（2）收集服装陈列的资料，并形成资源库。

# 一、学习问题导入

随着商业快速发展，无论是商品的数量、规模还是宣传和促销手段，都达到了较高水平。请同学们思考以下案例，看看陈列起到了什么样的作用？

案例一：

换季了，陈女士需要买一件大衣，到陈列着多款大衣的 A 店铺向店员说出了自己的需求，店员拿出了陈女士需要的大衣，陈女士购买了一件大衣。

案例二：

换季了，陈女士需要买一件大衣，回家路上看到 B 店铺橱窗里有一件自己喜欢的大衣，大衣搭配的衬衫和纱裙也她让很心动，于是进店要求试穿。店员将店里搭配好的一套服装拿出给陈女士试穿。陈女士很满意，便把一整套服装都购买了下来。

服装陈列不但展示了商品，还吸引了消费者的注意力，将消费者引入门店，发挥了推销员的作用。商品陈列刺激了消费者的购买欲望，提升了进店率，促进了销售。

# 二、学习任务讲解

## 1. 陈列的概念

陈列是指把商品有规律地集中展示给顾客。陈列是一种综合性艺术，是广告性、艺术性、思想性、真实性的集合，是消费者能直接感受到的艺术形式。服装陈列是商品陈列的一个分支，服装陈列设计包括店面设计、橱窗设计、模特设计、背板设计、道具设计、灯光设计、音乐设计、POP 广告设计、产品宣传册设计、商标及吊牌设计等，是一个完整而系统的综合设计表现形式。服装陈列如图 1-1 所示。

图 1-1 服装陈列

## 2. 陈列的作用

陈列能将商品的外观、性能、特征和价格迅速地传递给顾客，由顾客自主进行比较、选择，可以缩短挑选时间，加速交易过程。陈列经过一系列艺术处理，能起到改善店容店貌、美化购物环境的作用。要想达到陈列的经济效益和艺术效果，陈列设计师需要在陈列工作开始前，制定包括内容与形式、结构与布局、材料与工艺等因素的完整设计方案。

## 3. 陈列的目的

在陈列展示的过程中，陈列设计师不仅要展示商品，更要展示生活方式。陈列设计师是品牌形象塑造师，更是营造视觉生活享受的专家。陈列是视觉营销的一个重要部分，是辅助企业盈利的一种手段。陈列有以下几种目的。

（1）展示商品，吸引顾客注意。

陈列能让顾客在众多商品中清晰地看到重点陈列的商品，且愿意停留并对商品进行了解，最终产生购买的行为。

（2）刺激购买兴趣，促进商品销售。

陈列能让顾客感受到商品的特色和价值，提升顾客对商品的认知，刺激顾客购买商品。

（3）提升品牌形象，传播品牌文化，提升商品的附加值。

陈列可以提升品牌的形象，传播品牌的商业文化，展现品牌的悠久历史和文化底蕴，如图 1-2 所示，好的陈列还能让顾客体会到品牌的魅力，拥有产品后产生成就感。

图 1-2 某品牌店铺陈列

## 三、学习任务小结

通过本次任务的学习，同学们已经初步了解了陈列的概念、作用和目的，对服装陈列也有了一定的理解。课后，同学们要到服装陈列店参观考察，提高对服装展示和陈列的直观认识。

## 四、课后作业

每人收集 30 张服装陈列图片并制作成 PPT 进行分享。

学习任务 二

# 服装陈列的类别

## 教学目标

（1）专业能力：了解服装陈列的类别。

（2）社会能力：能收集各种类别的服装陈列资料，并形成资源库。

（3）方法能力：设计分析能力、归纳总结能力。

## 学习目标

（1）知识目标：了解服装陈列的类别及其要点。

（2）技能目标：能用思维导图的方式整理出服装陈列的类别。

（3）素质目标：自主学习、团队合作，提高专业能力。

## 教学建议

### 1. 教师活动

（1）教师前期收集各种服装陈列类别图片和视频等资料，并运用多媒体课件、教学视频等多种教学手段，深入浅出、通俗易懂地进行知识点讲授和应用案例分析。

（2）教师通过展示不同类别的服装陈列图片，分析服装陈列类别的知识框架，引导学生思考服装陈列类别的要点。

### 2. 学生活动

（1）根据教师展示的服装陈列图片，了解服装陈列的类别。

（2）按照类别收集服装陈列资料。

# 一、学习问题导入

本次任务我们一起来学习服装陈列的类别，如图 1-3 所示，服装店铺里哪些地方需要陈列呢？我们可以通过怎样的分类来体现服装陈列的秩序呢？这是本次任务要学习的内容。

图 1-3　某服装店设计图

# 二、学习任务讲解

服装陈列可以从服装店铺区域和服装陈列技巧进行分类。

## 1. 按服装店铺区域分类

（1）服装店铺导入。

服装店铺导入区域陈列主要根据服装品牌及本季度主题从整体对空间进行陈列，服装店铺导入区域包括店面、橱窗、出入口区域、POP 区域等。服装店铺导入区域陈列设计范围较广，注重整体性、时效性和创新性，充分展现服装店铺的整体形象，如图 1-4 所示。

图 1-4　店面 POP 陈列

（2）服装店铺营业区域。

服装店铺营业区域的陈列包括货、货柜、中岛台、人模、装饰品、POP 等，另外还要注意营造店内氛围，如气味、灯光效果、背景音乐等，如图1-5所示。

图1-5　服装店铺营业部分陈列

（3）服装店铺服务区域。

服装店铺服务区域的陈列设计包括试衣间、收银台、休闲服务区等的陈列。

## 2. 按服装陈列方法分类

（1）主题陈列。

主题陈列即给服饰陈列设置一个主题的陈列方法。主题应经常变换，以适应季节或特殊事件的需要。主题陈列能使服装专卖店营造独特的气氛，吸引顾客的注意力，进而起到促销的作用，如图1-6所示。

图1-6　自然主题服装陈列

（2）整体陈列。

整体陈列即将整套服装商品完整地向顾客展示，例如将全套服饰作为整体，用人模进行陈列。整体陈列能呈现整体服饰搭配的效果，便于顾客成套购买服饰，如图1-7所示。

图 1-7 整体陈列

（3）整齐陈列。

整齐陈列即按货架的尺寸确定服装商品长、宽、高的数值，将服装商品整齐地排列，突出服装商品的量感，从而给顾客一种整齐、有序的感觉。

（4）随机陈列。

随机陈列即将服装商品随机堆积的陈列方法，其主要适用于陈列特价服装商品，给顾客一种特卖品即为便宜品的印象。随机陈列所使用的陈列用具一般是圆形或四角形的网状筐，另外还带有标示特价销售的提示牌。

（5）盘式陈列。

盘式陈列实际上是整齐陈列的变化，表现的也是服装商品的量感，一般为单款式多件，排列有序地堆积，将装有服装商品的纸箱底部作盘状切开后留下来，然后以盘为单位堆积上去，这样可以加快服饰陈列速度，也在一定程度上提示顾客可以成批购买。

（6）定位陈列。

定位陈列指某些服装商品确定了陈列位置后，一般不再变动。定位陈列的服装商品通常是知名度高的品牌服饰商品，顾客购买这些服装商品的频率高、购买量大，所以需要固定的位置来陈列，以方便顾客购买。

（7）关联陈列。

关联陈列指将不同种类但相互补充的服装商品陈列在一起，运用服装商品之间的互补性，使顾客在购买某款服装后，也顺便购买旁边陈列的服装配饰。关联陈列可以使得服装专卖店的整体陈列多样化，也提高了顾客选择多个服装商品的概率。它的运用原则是商品必须互补，要打破商品种类的区别，表现消费者生活实际需求，如图 1-8 所示。

图 1-8 关联陈列设计

（8）比较陈列。

比较陈列是将服装商品按不同规格予以分类，然后陈列在一起。它的目的是利用不同规格包装的服装商品价格上的差异来刺激顾客的购买欲望，促使顾客做出购买决策。

（9）分类陈列。

分类陈列是根据服装商品质量、性能、特点和使用对象进行分类，向顾客展示的陈列方法。它可以方便顾客在不同的花色、质量、价格之间挑选比较。

（10）岛式陈列。

岛式陈列是在店铺入口处、中部或者底部不设置中央陈列架，而配置特殊的展台来陈列的方法。它可以使顾客从四个方向观看到陈列的商品。岛式陈列的用具较多，常用的有平台或大型的网状货筐。岛式陈列的用具不宜过高，否则不仅会影响整个店铺的空间视野，还会影响顾客从四个方向对岛式陈列的商品的透视度。

## 三、学习任务小结

通过本次任务的学习，同学们已经初步了解了服装陈列的类别，对服装陈列有了进一步的了解。通过不同类别的服装陈列图片的分析，同学们对服装类别的认知有了进一步提高。课后同学们可以到商业中心考察服装店的陈列设计，积累设计资料。

## 四、课后作业

（1）用思维导图总结本节课重点内容。

（2）调研服装店铺陈列设计，用 PPT 展示标明陈列区域及陈列技巧。

学习任务 三

# 服装陈列发展现状及风格

## 教学目标

（1）专业能力：了解服装陈列的发展现状和不同风格。

（2）社会能力：能收集服装陈列优秀案例，并形成资源库。

（3）方法能力：设计分析能力，资料归纳总结能力。

## 学习目标

（1）知识目标：了解国内外服装陈列的发展现状和风格。

（2）技能目标：能分析优秀服装陈列设计作品。

（3）素质目标：自主学习、团队合作，提高设计创意能力。

## 教学建议

### 1. 教师活动

（1）教师收集服装陈列优秀案例，并运用多媒体课件、教学视频等多种教学手段，深入浅出、通俗易懂地进行服装陈列风格知识点讲授和应用案例分析。

（2）教师通过展示服装陈列图片，引导学生学习服装陈列风格。同时，运用多媒体课件、教学图片、视频案例等多种教学手段，加强学生对服装陈列风格的理解。

### 2. 学生活动

（1）收集多种风格的服装陈列图片，并进行分析。

（2）根据教师展示的相关资料，分组讨论服装陈列风格的典型特征。

# 一、学习问题导入

服装陈列有很多风格，如欧式古典风格、法式风格、西班牙地中海风格、英式风格、北欧风格、日式风格、中式风格、自然风格、现代简约风格等，每一种风格都有其特色和代表性装饰样式。如图1-9和图1-10所示是两个品牌不同服装的陈列风格，同学们可以分析其特点。

图1-9 服装陈列风格案例 1

图1-10 服装陈列风格案例 2

# 二、学习任务讲解

## 1. 服装陈列发展现状

服装陈列与品牌紧密相连，主要有两个代表性类别：一是国际品牌服装陈列，其大多拥有百年历史，是国际服饰流行趋势的引领者，如图1-11所示；二是以中国本土品牌为代表的服装品牌陈列，如图1-12所示。

图1-11 国际品牌店铺

图1-12 某时尚买手店

## 2. 服装陈列风格

（1）欧式古典风格。

欧式古典风格早期以古希腊和古罗马艺术为代表，文艺复兴时期以后，以巴洛克风格和洛可可风格为代表。巴洛克风格大量使用贵重的材料，充满了华丽的装饰，色彩鲜丽。洛可可风格常用明快的色彩和纤巧的装饰，多用嫩绿、粉红、玫瑰红等鲜艳的色彩，以及大量的弧线，尤其爱用贝壳、旋涡、卷草舒花作为装饰题材，缠绵盘曲，连成一体，如图 1-13 和图 1-14 所示。

图 1-13 巴洛克风格

图 1-14 洛可可风格

（2）法式风格。

法式风格浪漫、典雅，展柜和家具以米白色为主调，表面略带雕花，配合扶手和椅腿的弧形曲线，彰显优雅气质。代表性陈设包括卷草纹窗帘、水晶吊灯、绿植等，突显浪漫、清新风格，如图 1-15 所示。

（3）西班牙地中海风格。

西班牙地中海风格以褐红色和黄色为主调，手工抹灰墙、铁艺、陶艺挂件、拱券门窗等元素是其典型特征，表现出自然、质朴、休闲的氛围，如图 1-16 所示。

图1-15　法式风格服装陈列　　　　　　　　　图1-16　西班牙地中海风格服装陈列

（4）英式风格。

英式风格服装陈列以雍容、华贵、端庄为主要特点，具有古典气质，突显绅士的严谨与尊贵，如图1-17所示。

（5）北欧风格。

北欧风格是指欧洲北部国家挪威、丹麦、瑞典、芬兰等国的艺术设计风格。北欧风格服装陈列具有简约、自然、人性化的特点，常使用原木材料，陈列柜和家具简洁、现代，色彩以浅木色、白色为主调，如图1-18所示。

图1-17　英式风格服装陈列　　　　　　　　　图1-18　北欧风格服装陈列

（6）日式风格。

日式风格多用木制与竹制品装饰空间，给人以温馨、舒适、质朴的感觉，如图1-19所示。

（7）中式风格。

中式风格以中国古典造型样式搭配具有中国特色的装饰陈设，如剪纸、木格栅、石雕、木雕、陶瓷等。中式风格具有独特的中式文化底蕴和传统韵味，显得高贵、典雅，如图1-20所示。

（8）自然风格。

自然风格常用天然材料如石材、木材、藤条、竹条等，表现休闲、自然、清新的特点，如图1-21所示。

图1-19　日式风格服装陈列

图 1-20 中式风格服装陈列

图 1-21 自然风格服装陈列

（9）现代简约风格。

现代简约风格常用点线面等抽象元素装饰空间，表现出现代、时尚、浪漫的氛围，如图 1-22 和图 1-23 所示。

图 1-22 现代简约风格服装陈列 1

图 1-23 现代简约风格服装陈列 2

## 三、学习任务小结

通过本次任务的学习，同学们已经初步了解服装陈列的主要风格。本次任务分析了多种风格的服装陈列案例，帮助同学们了解服装陈列的典型风格。课后，大家可以到大型商业中心的品牌服装店参观，积累服装陈列设计经验。

## 四、课后作业

收集各种风格的服装陈列资料，并制作成 PPT 进行分享。

# 项目二
# 服装店铺陈列空间规划

# 整体空间规划

## 教学目标

（1）专业能力：能进行服装店铺整体空间规划。

（2）社会能力：能收集服装陈列整体空间规划相关资料，并形成资源库。

（3）方法能力：具备一定的分析、归纳、总结能力；能制定计划，培养独立完成任务的能力；善于观察、思考和总结，具备一定的语言表达能力。

## 学习目标

（1）知识目标：掌握服装陈列整体空间规划的方法和原则。

（2）技能目标：能结合服装店铺的陈列需求进行整体空间规划。

（3）素质目标：自主学习、团队合作，开阔视野，扩大认知领域，提升专业兴趣，提高服装店铺整体空间规划能力。

## 教学建议

### 1. 教师活动

（1）教师前期收集各种服装店铺陈列的整体空间规划的文字、图片和视频等资料，并运用多媒体课件、教学视频等多种教学手段，深入浅出、通俗易懂地进行知识点讲授和应用案例分析，提高学生对服装店铺整体空间规划的认识。

（2）教师通过展示服装店铺陈列图片，分析服装陈列整体空间规划的区域和作用，引导学生进行服装店铺整体空间规划实训。

### 2. 学生活动

（1）根据教师展示服装店铺陈列图片，理解整体空间规划的区域及作用。

（2）根据教师展示的相关资料，两人一组按要求互相提问，理解服装店铺整体空间规划的方法和原则。

# 一、学习问题导入

某服装批发店铺，近几年门店生意一直不理想，找到某陈列培训机构寻求帮助，希望能解决问题。陈列培训机构的专业人员入店考察改造后，店铺的客户入店率与成交率均大幅上升。大家想知道专业人员解决了店面的哪些问题吗？本次任务我们就一起从店铺的整体规划开始学习。

# 二、学习任务讲解

服装店铺的陈列区域可分为导入区域、销售区域和服务区域。店铺陈列区域规划如图2-1所示。

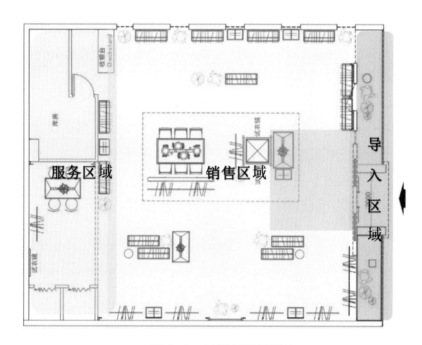

图 2-1　店铺陈列区域规划

### 1. 服装店铺各陈列区域的作用

（1）导入区域。

导入区域是顾客对品牌留下第一印象的区域，也是吸引消费者的区域之一。导入区域包含店头、橱窗、出入口和中岛台等。该区域要运用灯光、店铺招牌、橱窗等陈列设计吸引顾客。

（2）销售区域。

销售区域是商品的主要销售区域，包含流水台、货架、货柜、POP展板、人模等，属于店铺的核心区域，所占比例大，陈列内容多。营销区域的陈列直接影响店铺的销售情况。

（3）服务区域。

服务区域是辅助销售的区域，主要包括试衣间、收银台和仓库等。为了更好地让顾客享受品牌的优质服务，很多品牌越来越注重顾客感受，提供休息区和茶点服务，大品牌门店会单独设置VIP服务区，提供当季新品或由VIP服务专员挑选出顾客喜爱和适合顾客的商品供顾客挑选，让顾客感到超值服务从而促进商品销量。

### 2. 服装店铺整体空间规划原则

（1）便于顾客进入和购物。

以顾客为中心、考虑顾客感受是服装店铺整体空间规划的第一原则。服装店铺整体空间规划时，每一处都要考虑方便顾客购物的行为及心理。顾客在导入区主要是"看"和"进"两个行为，在销售区和服务区则完成"选""取""试""买"等行为。注意：狭窄的空间不利于顾客进入和购物，过于宽大的空间又会让顾客产生空荡感，过高的中岛架会让顾客有压抑感，过低的流水台也不利于选购商品。每一个环节都要让顾客感到舒适，愿意继续购物。

（2）便于商品推销和商品管理。

服装店铺整体空间规划的第二个原则是区域呼应原则，即吸引顾客入店、选款试穿、购买等环节环环相扣。同时，店铺内货架及款式摆放要均匀合理，避免造成某一区域拥挤或无人的情况。在顾客前往试衣的过程中可以放置一些配饰，可以提升顾客整体穿着效果，提高商品购买率。例如有些店铺试衣间外面会有配饰柜，上层帽子，中层项链耳环，下层鞋靴等，让顾客可以随意搭配。

（3）便于商品陈列展示。

一个系列的服装一般要分组陈列，考虑人模与货架之间的配合陈列，既有合理性，也兼具美感。如比例要均衡、色彩搭配要适宜。例如品牌服装为优雅职场风格，陈列空间的色彩就不宜采用艳丽色彩。

## 三、学习任务小结

通过本次任务的学习，同学们已经了解了整体空间规划所包含的三大区域，对服装店铺整体空间规划的方法和原则也有了一定的理解。课后，大家要考察商场的服装店铺，归纳和总结其空间规划方式。

## 四、课后作业

（1）分析图 2-2，标示出导入区域、销售区域与服务区域。

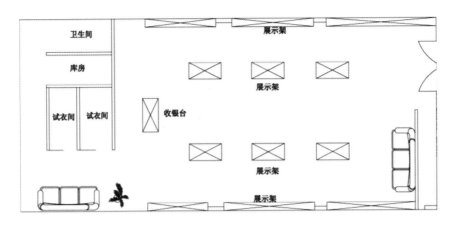

图 2-2 店铺俯视规划图

（2）收集 3～5 家服装店铺空间规划图，分析其区域划分及整体空间规划原则。

学习任务 二

# 服装店铺导入区域设计

## 教学目标

（1）专业能力：了解服装店铺导入区域设计的方法和原则。

（2）社会能力：能收集服装店铺导入区域设计的相关资料，并形成资源库。

（3）方法能力：具备一定的分析、归纳、总结能力，以及一定的语言表达能力。

## 学习目标

（1）知识目标：掌握服装店铺导入区域设计的方法和原则。

（2）技能目标：能用思维导图的方式整理出服装店铺导入区域的设计方法。

（3）素质目标：自主学习、团队合作，开阔视野，扩大认知领域，提升专业兴趣，提高办公软件使用能力。

## 教学建议

### 1. 教师活动

（1）教师前期收集各种服装店铺导入区域设计相关的图片和视频等资料，并运用多媒体课件、教学视频等多种教学手段，深入浅出、通俗易懂地进行知识点讲授和应用案例分析，提高学生对服装店铺导入区域设计的认识。

（2）通过小组活动，引导学生相互提问导入区域包含的部分，加深学生对服装店铺导入区域设计的理解与认知。

（3）教师通过分析服装店铺导入区域设计原则的知识框架，引导学生思考并说出服装店铺导入区域设计的方法和原则。

### 2. 学生活动

（1）根据教师展示的图片或视频，理解服装店铺导入区域设计的方法和原则。

（2）在教师的指导下，进行服装店铺导入区域设计实训。

# 一、学习问题导入

本次任务我们一起来学习服装店铺导入区域设计的方法和原则。大家先仔细看图 2-3，分析这个服装店铺导入区域设计重点展示了哪些元素，归纳这张图所运用的设计方法。

图 2-3  某服装品牌依妙外立面效果图

# 二、学习任务讲解

导入区域位于服装店铺的最前端，是顾客最先看到的区域，它的设计效果直接影响到顾客的进店率。

## 1. 店头设计

店头是体现服装店铺名字的区域，如图 2-4 所示。店头设计要考虑以下几个因素。

（1）诱目：吸引顾客视线，在众多商铺中能吸引顾客目光。

（2）清晰：顾客能一眼看到品牌标识。

（3）提升商品价值感：店头的档次应略高于商品的价值，能让顾客感到用适合的价格买到了不错的商品。

（4）符合企业形象识别系统（CIS）：店头的字体大小、粗细、色彩、属性等需要按照品牌统一的标准进行制作，如图 2-5 所示。

图 2-4  名创优品店头

图 2-5  路易威登店头

以上是品牌服装店导入区域设计要求。确定服装店铺店名时，一般遵循以下原则。

（1）易记易读原则：朗朗上口的名字能深入人心，外国品牌的名字也有简称，使人能快速记忆。例如路易威登的"LV"、伊芙圣罗兰的"YSL"。

（2）创始人的名字或故事：例如"七匹狼"有七位创始人。

（3）符合产品属性：服饰品牌取名要优雅、轻柔。

（4）启发联想原则：店名要有一定的寓意，让消费者能从中产生积极联想。但也要注意，店名的适用范围。在一个地区看来是吉利的名字，在其他地区有消极的意义。

（5）支持标志物原则：标志物是指店铺中可被识别但无法用语言表示的部分，如可口可乐的红色标志，麦当劳醒目的黄色"M"标志。当店名能够维持店铺标识物的识别功能时，店铺的整体效果就加强了。

此外，适应市场环境原则、受法律保护原则也是在设计店名的重要原则。

## 2. 橱窗设计

橱窗是服装店铺的重要展示区域，它不仅能激发消费者的消费热情，也能让顾客透过橱窗欣赏服装的设计创意。橱窗的设计要充分考虑整体的风格和氛围营造、背景板立面造型、装饰道具样式和材料、灯光设置、色彩和配饰搭配等因素，另外应注意本季服装设计的主题、年度流行趋势和主推商品。

## 3. 出入口设计

在设计服装店铺出入口时，必须考虑店铺营业面积、客流量、地理位置、商品特点及安全管理等因素。如果设计不合理，就会造成人流拥挤或商品受关注率低，影响销售。在服装店铺设置的顾客通道中，出入口是交通要道。好的出入口设计要能合理地规划浏览路线，使消费者从入口到出口，有序地浏览全场，不留死角。如果服装店面是规则店面，出入口一般在同侧为好，使顾客沿路线走完全店，不留下死角。不规则的店面则可以结合店铺在商业区内的位置，灵活设置出入口，形成双向或多向交通疏导的开放性方式。

## 4. 流水台设计

（1）流水台的形式。

流水台不单指台面，也包含正对入口的展示部分，如图 2-6 所示。流水台与店头、橱窗（图 2-7）相互配合将顾客吸引入店，同时，又承担了分流顾客的作用。流水台将顾客吸引到店内后，顾客可以向左右两侧选购商品。

图 2-6 CityArts 店铺效果图

图 2-7 服装店铺导入区域设计

（2）流水台的设计原则。

①与店头及橱窗协调一致。

②有层次感，能扩大视觉进深，形成空间感。

③有主题性，能诠释和隐喻服装品牌的内涵和文化底蕴。

## 三、学习任务小结

通过本次任务的学习，同学们已经初步了解了服装店铺导入区域的设计方法和原则。导入区域包含店头设计、橱窗设计、出入口设计、流水台设计等几个重点区域的设计，其整体的设计原则是相互呼应、协调一致。课后，同学们可以到相关服装店铺参观考察，记录服装店铺的导入区域设计方式。

## 四、课后作业

（1）用思维导图总结本次课的重点内容。

（2）考察两个服装店铺，说出其导入区域设计的优缺点。

学习任务 三

# 服装店铺销售性区域陈列设计

## 教学目标

（1）专业能力：熟悉服装店铺销售性区域陈列设计的方法。

（2）社会能力：能收集服装店铺销售性区域陈列设计相关资料，并形成资源库。

（3）方法能力：分析、归纳、总结能力，能制定计划，培养独立完成任务的能力。

## 学习目标

（1）知识目标：了解服装店铺销售性区域陈列设计的分类。

（2）技能目标：能识别服装店铺的冷热区；能区分主销区、展示区与辅销区。

（3）素质目标：自主学习、团队合作，开阔视野，扩大认知领域，提升专业兴趣，提高办公软件使用能力。

## 教学建议

### 1. 教师活动

（1）教师前期收集服装店铺销售性区域陈列设计案例，并运用多媒体课件、教学视频等多种教学手段，深入浅出、通俗易懂地进行知识点讲授和应用案例分析，提高学生对销售性区域陈列器具的认识。

（2）教师通过展示服装店铺销售性区域陈列设计图片，分析服装店铺销售性区域陈列设计分类，引导学生进行服装店铺销售性区域设计实训。

### 2. 学生活动

（1）根据教师展示的图片或视频，了解服装店铺销售性区域设计的方法。

（2）在教师的指导下进行服装店铺销售性区域设计实训。

# 一、学习问题导入

各位同学，大家好，本次课我们一起来学习服装店铺销售性区域陈列设计的方法。顾客经过导入区与进入销售性区域后是否能继续被吸引并促成其完成购买行为，销售性区域陈列设计是关键。如何设计服装店铺的销售性区域呢？本次课将对此内容进行分析和讲解。

# 二、学习任务讲解

销售性区域是服装店铺内部的主要展示区域，其主要通过服装陈列器具来搭载服装样品，并结合室内的灯光、色彩、造型、软装饰等来辅助店铺陈列，主要作用是促进销售。

## 1. 服装店铺销售性区域的陈列器具

（1）货架：按照安装方式分为可移动货架（图2-8）和不可移动货架（图2-9），一般靠墙设置。按照造型样式可分为直线形和异形。按照摆放位置可分为边架和中岛架。

图2-8 可移动货架

图2-9 不可移动货架

（2）货柜：摆放货物的柜台，如图2-10所示。

（3）流水台：摆放服装样品和配饰的矮台。

（4）人模：立体展示服饰品的人形塑料模特。一般展示主推服装款式，需要定期更换，给顾客新鲜感，如图2-11所示。

（5）装饰品：烘托品牌调性，提升商品价值感的服装配饰品。

（6）POP看板：大小均可，在节日或特卖时也会在店内和导入区摆放。

某服装店铺的陈列设计如图2-12所示。

图 2-10 某服装店铺内的货柜设计

图 2-11 服装店铺内的流水台和人模设计

图 2-12 某服装店铺的陈列设计

## 2. 服装店铺销售区域热点划分

（1）黄金区：是销售的热点区域，也是顾客经过最多的区域，一般在门口附近。顾客在店外也能一眼看到，视野较好，通常放置畅销商品，可以提高顾客对黄金区域的好感度。

（2）次热区：顾客经过较多的区域，视野一般。这个区域也需要一个亮点陈列，以吸引顾客持续逛店。

（3）冷区：顾客经过较少的区域，视野较差。冷区可以放置人模，并给出较好的搭配。或者在冷区附近设置试衣间，试衣的顾客都可经过冷区，这种设计特别适用于一些快时尚品牌，排队试衣者在冷区等待时也会顺便挑选一些衣物，这样无疑提高了店铺的连带销售。

销售热点划分如图 2-13 所示。

## 3. 服装店铺高度分区

（1）展示区：高度较高，物品拿取不便，往往仅作为商品展示的区域。

（2）主销区：直立时视线平视的区域，方便拿取商品和展示商品。

（3）辅销区：弯腰或蹲下才能拿取商品的区域。

服装店铺按高度分区如图 2-14 所示。

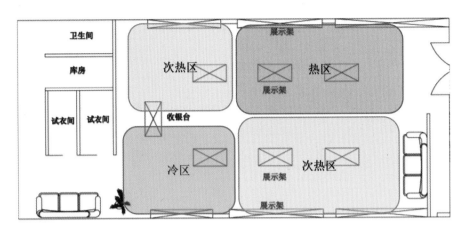

图 2-13 销售热点划分

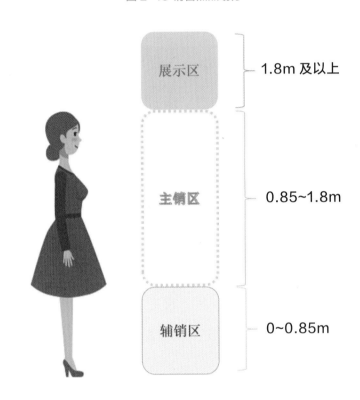

图 2-14　某服装店铺高度分区图

## 三、学习任务小结

通过本次任务的学习，同学们已经初步了解销售性区域陈列设计的分区知识，同时，通过分析案例，了解了店铺销售区域设计的方法。课后，大家要到大型商业中心的服装店铺参观、考察，仔细研究和分析其店铺销售区域的设计方法和技巧，积累服装陈列设计经验。

## 四、课后作业

收集10家不同风格服装店铺销售区域设计资料,分析其店铺销售区域的设计方法,并制作成PPT进行分享。

学习任务 四

# 服装店铺服务区域陈列设计

## 教学目标

（1）专业能力：了解服装店铺服务区域陈列设计的方法。

（2）社会能力：收集日常生活中服装店铺服务区域陈列设计案例，能够运用所学知识进行案例分析，并能口头表述其设计要点。

（3）方法能力：信息和资料收集能力，设计案例分析、提炼及应用能力。

## 学习目标

（1）知识目标：掌握服装店铺服务区域陈列设计的方法和技巧。

（2）技能目标：能进行服装店铺服务区域陈列设计创作。

（3）素质目标：能明确、清晰地进行服务区域陈列分析，提高运用服务区域陈列进行创作的能力。

## 教学建议

### 1. 教师活动

（1）教师展示能够表现服装店铺服务区域陈列特点的图片和视频等资料，并运用多媒体课件、教学视频等多种教学手段，提高学生对服装店铺服务区域陈列设计的直观认识。

（2）教师通过对服装店铺服务区域陈列作品进行分析与讲解，让学生理解服务区域陈列设计的表现方法。

### 2. 学生活动

（1）学生分组选取能够体现服务区域陈列不同特点的案例进行分析讲解，训练自身的语言表达能力和沟通协调能力。

（2）在教师的指导下完成服装店铺服务区域陈列设计实训。

# 一、学习问题导入

今天我们一起来学习服装店铺服务区域陈列设计的相关知识。一谈到服装店铺服务区域陈列，很多同学可能都会想到店铺 VIP 区域，建议大家先对店铺服务内容做简单的了解。在服装店铺，销售人员一般会提供哪些服务？因为店铺服务与服务区域陈列有着非常重要的关系。

# 二、学习任务讲解

服装店铺服务区域是指为了更好地辅助服装店铺的销售活动，使顾客能更好地享受商品之外的超值服务而设定的空间区域。在市场竞争愈加激烈的今天，为顾客提供更好的服务是赢得消费者的重要因素，服务区域的设计规划也越来越多地受到服装品牌经营者的重视。服装店铺服务区域包括试衣区、收银台和仓库。

## 1. 试衣区

试衣区在整个服务区域占据非常重要的地位。试想一下，当一名顾客走进一间温馨的试衣间，踏上软软的羊毛地毯，关上装有精致门把手的门，试穿衣服后还有梳妆台可以梳理一下头发， 然后再随手拿起梳妆台上摆放的精致香水轻轻喷洒；走出试衣间后，销售人员向顾客提出建议，并推荐和介绍一系列适合的备选服装。这样贴心的服务，是否会让顾客误认为自己就是这件衣服的主人呢？这样周到的服务，显然能够赢得顾客的认可，并最终促成购买行为，如图 2-15 所示。

试衣区的设计特点如下。

（1）试衣间的类型。

试衣间包括封闭式和半封闭式两种，如图 2-16 和图 2-17 所示。

图 2-15　舒适的试衣间　　　　图 2-16　封闭式试衣间　　　图 2-17　半封闭式试衣间

试衣间又可分为简易型试衣间、标准试衣间和多功能试衣间。简易型试衣间多安排在大型服装百货的开放性空间中，是临时搭建的促销场地，人流较多时方便顾客试衣。标准试衣间可以是单个或多个空间，一般是固定的，规格为 110cm×120cm，多用于品牌连锁店。多功能试衣间包含化妆、试穿、搭配、休闲等服务于一体，多用于奢侈品及婚纱品牌的服装店。

（2）试衣间设计要求。

①位置。

试衣间通常设置在服装店铺的深处，其原因主要是可以充分利用室内空间，不会造成店铺内通道堵塞，同时可以保证一定的私密性。另外，可以有导向性地使顾客穿过整个店铺，使顾客在去试衣间的途中经过销售区，增加顾客二次消费的可能。

②数量。

试衣间的数量要根据店铺规模和品牌的定位而定，数量要适宜。如果数量太多，不仅浪费店铺的有效空间，还会给人生意萧条的感觉。数量太少，会造成顾客排队等候现象，使店铺拥挤。因此，通常客流量较大的店铺，试衣间的数量可以相对多些；客流量少的店铺，试衣间的数量可以少些。

③镜子。

消费者是否购买一件服装或饰品，通常是在镜子前作出的决定。试衣镜作为试衣区的重要配套物，应该引起重视。镜子要安放在合适的位置，放在试衣间里可以使顾客安心试衣，但缺点是可能会造成试衣时间较长，不利于导购员的导购活动，所以大众化的品牌店铺一般都将镜子安放在试衣间外的墙上，如图2-18所示。同时，试衣间和试衣镜的分布要合理，二者间要留有足够的空间，使顾客均匀分散，因为这里经常会有顾客的朋友和导购员逗留，合理地分布试衣间和试衣镜可以防止试衣的顾客挤在一起。

图2-18 镜子设置在试衣间外

图2-19 灯光与镜子结合

④尺寸。

试衣间的空间尺寸根据品牌的定位不同有很大差别，越是高档的服装品牌，其消费者对试衣环境的舒适度要求越高。中低档服装品牌的试衣间也应保证顾客换衣时四肢可以舒适地伸展活动，一般来说长、宽尺寸不小于1m。

⑤照明。

照明是试衣间设计的重点。如果照明设备与镜子的位置相对，灯光照射在裸露皮肤上，顾客满意度不高，不利于交易的顺利达成。试衣间的照明可以采用顶光结合漫射光的方式，并可以根据需要来调整照度，如图2-19所示。

⑥人性化设计。

服饰品店应考虑为哺乳期女性及残障人士提供专用的试衣间。房间必须足够大，能够容纳婴儿推车或轮椅。除此之外，试衣间中应配备多个扶手杆、一个位置得当的镜子和一个座位。

⑦试衣间的其他细节。

试衣间要重点考虑私密性，试衣间相互之间不开放。此外，试衣间内设置凳子，墙上设置挂钩、放置拖鞋等细节，会使消费者对店铺产生良好印象。试衣间的色彩不宜沉闷，其色调应与店铺的整体色调相一致，因为空间狭小封闭，颜色过分鲜艳会导致顾客购物时情绪急躁、不稳定。

## 2. 收银台

收银台是顾客付款结算的地方。从店铺的营销流程上看，它是顾客在店铺中购物活动的终点。但从品牌的服务角度看，它又是培养顾客忠诚度的起点。收银台不仅是消费者付款的地方，还承载着宣传服装品牌形象的附属作用。

（1）收银台的设计要求。

①位置。

收银台既是收款处也是一个店铺的指挥中心，通常也是店长和主管在店铺中的工作位置。因此，在配置时应谨遵便利原则，注意人流走向，切忌将收银台放置于店铺死角。收银台位置可以考虑在店铺大门的正对面，面对店铺大门以便店员了解顾客的光顾情况，如图2-20所示，也可以根据店铺的具体平面形状设置收银台位置。总的来说，收银台的位置要考虑空间规划、顾客的购物动线等。收银台位置的设置还要满足顾客在购物高峰时能够迅速付款结算的需求。根据不同的服装品牌定位，收银台前还要留充足的空间，以应对节假日人流密集的情况，如图2-21所示。此外，还要考虑顾客在收银时的等待状态、顾客购物路线的合理性等。

②设备。

制作收银台所涉及的材料多种多样，可以根据品牌的风格进行定位。单纯的收银台设计不宜烦琐，力求简洁、大气，功能尽可能齐全。除了设置电脑收银的功能之外，为了提高销售额，收银台中或附近还可以放置一些小型的服饰品，以增加连带消费。

③装饰。

收银台不宜过多修饰，台面上的东西不能堆放过多，以免杂乱无章。收银台的背景板或形象板的灯光要比店铺内的整体照明度高，这样能和店铺形成明暗对比，突出店铺的招牌形象。为了活跃气氛，收银台还可以放置一些观赏植物或摆件，如图2-22所示。

图 2-20　正对店门的收银台　　　　　图 2-21　简约大气的收银台　　　　　图 2-22　收银台鲜花装饰

④色彩。

收银台的色彩设计要和店铺整体色彩相协调，但为了突出重点，可以有一定的色彩对比设计，并通过灯光进行强调。

⑤其他注意事项。

顾客在收银台排队等待的时间一般不超过 8 分钟，应当根据高峰与低峰时间安排收银员。大量调查表明，顾客等待付款结算的时间过长，就会产生烦躁的情绪。在购物高峰时期，由于顾客流量的增大，店铺内人头攒动，无形中就加大了顾客的心理压力。此时，顾客等待付款结算的时间应缩短些，使顾客快速付款，走出店外，缓解压力。营业高峰期，可设置"黄金通道"，专门为不超过 3 件单品的顾客服务，以加速顾客付款的速度。

### 3. 仓库

大多数品牌店铺不会把所有货物陈列出来，这就需要一个仓库将货物有秩序地存储起来，方便随时补货和为顾客寻找适合码数的衣服。仓库的设计应遵循以下特点。

①注意隐蔽性。仓库并不是顾客进入的地方，只要店员知道其位置即可，仓库门不要设置在明显位置。可以设置在收银台后面或试衣间里面。

②仓库与试衣间近距离设置，方便导购快速到仓库为顾客寻找合适的码数。

③面积不易过大过深，可利用高度摆放更多货物，把店中更多的面积留给顾客。

## 三、学习任务小结

通过本次任务的学习，同学们已经初步了解如何设计服务区域，服务区域的设计要从消费体验出发。希望同学们课后能学以致用，通过不断学习、分析、实践，熟练掌握其设计方法和技巧。

## 四、课后作业

以小组为单位，结合服装店铺服务区域陈列设计的特点，进行服务区陈列设计实训。

学习任务

2

# 服装店铺动线设计

## 教学目标

（1）专业能力：了解服装店铺动线设计原则。

（2）社会能力：能分析动服装店铺动线设计规律。

（3）方法能力：具备一定的分析、归纳、总结能力和语言表达能力。

## 学习目标

（1）知识目标：掌握服装店铺动线设计的方法和技巧。

（2）技能目标：能进行服装店铺的动线设计与分析。

（3）素质目标：自主学习、团队合作，开阔视野，扩大认知领域，提升专业兴趣，提高办公软件使用能力。

## 教学建议

### 1. 教师活动

（1）教师前期收集服装店铺动线设计案例，并运用多媒体课件、教学视频等多种教学手段，深入浅出、通俗易懂地进行知识点讲授和应用案例分析，提高学生对服装店铺动线设计的认识。

（2）教师通过分析服装店铺动线设计的方法，指导学生进行服装店铺动线设计实训。

### 2. 学生活动

（1）理解服装店铺动线设计的方法和技巧。

（2）在教师的指导下进行服装店铺动线设计实训。

# 一、学习问题导入

假设你的朋友准备开一家女装店铺，面积60m²（6 m×10m），他不知道服装店铺动线设计如何设计，希望你能给出合理的建议。请同学们结合图2-23进行分析。

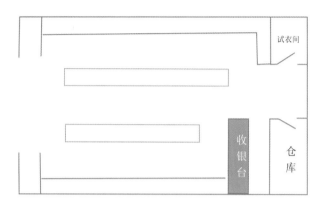

图 2-23 店铺平面图

# 二、学习任务讲解

### 1. 服装店铺动线设计的概念

动线是指将人在室内或者室外走动所产生的点连接所形成的动态运动线。顾客的生活习惯、商品的色彩和形态都会影响人们前进的方向。有计划的动线规划可以引导顾客在服装店铺中的前行路线，还能引导和方便消费者购物，同时，能让消费者在店铺停留更多的时间。服装店铺的动线设计对于服装店铺的经营非常重要，动线设计得好，围绕动线的商品陈列得好，可以延长消费者在店铺的停留时间，从而带动人流量，并提升购买率。

### 2. 服装店铺动线设计原则

（1）右侧优势原则。

大多数人习惯用右手、靠右边行走。如果没有特别指引，进入店面也喜欢往右边走，流动方向多半是逆时针方向。右边第一组货架上的产品很容易给顾客留下深刻的印象。因此，靠右的店铺空间设计中应该少拐角，不能有障碍物，除出入口外，店铺内一般形成一个流动的闭环。右侧直线通道设计如图2-24所示。

图 2-24 右侧直线通道设计

（2）通道宽度适宜原则。

客流通道要保持足够的宽度让顾客在走动时感觉舒服。单向客流通道，宽度至少保持在 90 ~ 120cm；双向客流通道，宽度应保持 180 ~ 210cm。服装店铺入口主通道宽度在 240 ~ 360cm。

（3）根据店铺流向设计原则。

店铺流向是指因店铺固定空间而形成的人员流动方向，一般可分为直流动线和环流动线。直流动线是指店铺入口和出口在不同的两侧，大多数人都是从店铺的入口进，从另一边的出口出，即穿越式流动。环流动线是指在三面合围的空间里，店铺入口和出口在同一侧，多数街道服装店就是这类店铺。

对于环流动线型的店铺，可以通过镜子增加宽度感与时尚感，要尽量使店铺人流富有变化，让顾客尽量接触和了解所有产品，如图 2-25 所示。

图 2-25　环流动线

（4）设置磁石点原则。

磁石点是指像磁铁一样吸引顾客的地方，其设计一定要有趣，并能吸引顾客的视线。在服装店铺的不同角落设置磁石点，能让顾客被一个又一个有趣的角落吸引，动线就不知不觉地延长了。

动线设计的目的一是方便顾客购买，二是引导顾客购买。动线中的主要动线上要主推服装店铺的热销款，且不能展示太多，只需要展示经典款式即可。同时其他动线也都要有亮点。

## 三、学习任务小结

通过本次任务的学习，同学们已经初步了解了服装店铺动线设计的概念和设计方法。服装店铺动线设计的原则包括右侧优势原则、通道宽度适宜原则、根据店铺流向设计原则和设置磁石点原则。服装店铺的动线设计目的是方便顾客购买和引导顾客购买。课后，大家要到大型商业中心的服装品牌店参观，积累服装店铺动线设计经验。

## 四、课后作业

三个同学一组，每组调查三个不同面积和规模的服装店铺，绘制店铺动线图，并分析其动线设计原则。

# 项目三
## 服装陈列与展示技巧

# 服装货架及衣物整理

## 教学目标

（1）专业能力：了解服装货架的概念，以及服装中岛货架的种类。

（2）社会能力：了解服装货架的分类及原则，运用所学服装陈列知识进行分析与整理。

（3）方法能力：资料收集与整理能力、陈列分析能力。

## 学习目标

（1）知识目标：理解服装中岛货架、货柜的种类和特点。

（2）技能目标：能结合服装货架的陈列原则整理服装，并进行陈列。

（3）素质目标：能进行服装陈列设计分析，提高服装陈列整理与分析设计能力。

## 教学建议

### 1. 教师活动

（1）教师展示货架种类及陈列的图片和视频等资料，并运用多媒体课件、教学视频等多种教学手段，提高学生对服装货架及衣物整理的直观认识。

（2）教师通过对服装货架种类及原则的分析与讲解，让学生理解并能够分析不同货架的使用。

### 2. 学生活动

（1）分组选取能够体现货架种类及陈列的图片案例进行分析讲解，提升审美能力和整理陈列能力。

（2）学以致用，分组交流和讨论，完成服装货架分类及衣物的整理。

# 一、学习问题导入

今天我们一起来学习服装货架、服装货柜的种类及陈列原则。在做服装陈列之前，我们一定要对服装货架种类进行全面的了解。建议大家在开始学习前，先要了解服装货架的概念、分类，服装的整理等知识，不断提升审美能力和整理陈列能力。

# 二、学习任务讲解

## 1. 服装货架的概念

服装货架是用来展示服装的架子，是服装店陈列的主要器具。服装货架可以更好地展示服装的立体效果，服装货架及服装展柜设计无论从质感、款式上都具备一定的装饰效果，可以吸引顾客眼球、刺激顾客购买欲望，如图 3-1 所示为瑞典某时尚品牌的服装货架。

## 2. 服装中岛货架种类

（1）地雷架。

地雷架有两种样式：一种是从中间向四周伸出横杆，形成一个放射性展示货架，有的还能旋转；另一种则是在放射性的基础上在外围增加圆圈杆，更利于展示衣服，这类衣服货架的尺寸大约是 600mm×600mm，如图 3-1 所示。

（2）单杠中岛。

单杠中岛是常见的服装货架，采用类似单杠的造型，能悬挂一排衣服。在单杠中岛支架以及头部可以根据个人喜好进行多种设计，搭配店面的装修，达到协调统一。这种货架的高度约为 1350mm，如图 3-2 所示。

图 3-1　瑞典某时尚品牌的服装货架　　　　　图 3-2　单杠中岛货架

（3）双杠中岛。

双杠中岛与单杠中岛类似，不过它有两个杆，可以悬挂两排衣服。双杠中岛造型比单杠中岛复杂一点，有外翻式和普通式两种。双杠中岛的高度可根据悬挂衣服的种类来选择，长度多为 1350 ~ 1700mm。

### 3. 服装展柜的概述

（1）服装展柜的概念和作用

服装展柜是用于展示服装的货柜。服装展柜设计师根据客户要求，结合服装店铺格调、品牌文化、展柜工艺以及服装展柜设计经验等，设计出符合地域特色和消费习惯的展柜。制作商则运用中纤维板、防火板、亚克力板、透明水晶板等，打造出符合图纸设计的展柜，配合展柜灯光、颜色的叠层、反射、折射，从空间和视觉上增强服装的展示效果及视觉冲击力，以此达到不同的服装展示目的，使顾客对服装店一目了然，迅速获取商品信息，如图3-3所示。

（2）展柜类型。

①中岛展柜。

中岛展柜是服装店铺宣传促销的常用展具。中岛展柜分为坐地式中岛展柜、靠墙式中岛展柜和悬空式中岛展柜。中岛展柜能够起到展示商品、传达信息、促进销售、改变空间布局的作用。

②流水台展柜。

流水台展柜是具有高低顺序排列的货柜，多层展示台从高到低排列，可以摆放衣服，不能用于悬挂。其高度不要超过900mm，宽度在1200mm左右，如图3-4所示为中岛与流水台展柜。

图3-3 瑞典本土某时尚品牌的服装展柜　　　　　图3-4 中岛与流水台展柜

### 4. 货架陈列的分类

（1）橱窗货架陈列。

服装店的橱窗货架陈列具有诱导顾客入店的作用。橱窗货架陈列能整体提升服装店的门店档次，橱窗货架陈列要大气，灯光和射灯要引人注目并搭配高档流行服装、新款服装来吸引顾客进店选购，如图3-5所示。

（2）服装店中心货架陈列。

服装店中心货架陈列决定服装店形象，主要用于宣传流行服装、应季服装、畅销服装和重点推广服装。圆形或方形的流水台服装货架常用来陈列店内的畅销款，并搭配POP广告来衬托店铺的整体销售气氛。

（3）角落货架陈列。

角落货架陈列的作用主要是刺激消费，避免流失顾客群。角落货架陈列将货架间及拐角区域衔接起来，主要陈列过时款式、销量较低的服装。

（4）侧面货架陈列。

侧面货架陈列方便顾客选购，一般都是陈列时尚、质感强、吸引人、易拿取和折叠的服装，能有效且最大程度利用服装店卖场的面积，侧面反映服装店的整体形象。

（5）试衣间周围的服装货架陈列。

试衣间周围的服装货架陈列适合展示搭配购买的服装饰品，促进整体消费。

### 5.货架陈列的原则

（1）一般不采用刺激性的色彩。如果服装的色彩较为鲜艳，则货架要选择纯度较低的色彩。如果服装的色彩较浅，则货架的颜色宜深；如果服装的色彩较深，则货架的颜色宜浅。货架的色彩选择要起到背景色的陪衬作用，以免喧宾夺主。

（2）保证充足的光线。灯光的设置应力求使光线接近自然光，这样才不影响服装本来的色彩。服装店铺的照明布局采用整体照明与局部照明相结合的照明方法，服装店铺的整体空间照明要明亮，给人以舒适、宽阔的感觉；在服装架、服装橱柜的上部和内部，要有局部的照明，以保证服装的识别度，促进服装的销售。

（3）服装店铺的照明应以货架的位置来拟定照明的位置，橱、柜内的照明应考虑灯光的投光范围，按橱、柜的实际尺寸进行调整。每一个样式和类别的灯具，都有其固定的效果和作用，设计师必须选择合适的照明灯具。设计师收集国内外的资料，可为货架设计提供有效的参考，激发各种货架设计新创意，如图 3-6 所示。

图 3-5　橱窗货架陈列

图 3-6　货架陈列

## 三、学习任务小结

通过本次任务的学习，同学们已经初步了解服装货架的种类以及陈列技巧。通过陈列案例的分析，同学们理解了不同类型的服装货架展示方法。课后，大家要到大型商场品牌店参观，积累陈列经验。

## 四、课后作业

收集 20 份服装货架资料，并制作成 PPT 进行分享。

学习任务

二

# 叠装陈列及规范

## 教学目标

（1）专业能力：能熟练掌握叠装陈列的基本概念、作用、特点和原则。

（2）社会能力：能收集、归纳和整理不同服装品牌的叠装陈列资料，并进行分析总结。

（3）方法能力：提高资料收集整理和自主学习能力，以及叠装陈列案例分析应用能力和创造性思维能力。

## 学习目标

（1）知识目标：了解叠装陈列的基本概念及作用，掌握叠装陈列的特点及原则。

（2）技能目标：能够从不同品牌叠装陈列的特点中分析优劣势，增强服装店铺的整体表现力。

（3）素质目标：资料收集能力，案例分析应用能力和创造性思维能力，养成良好的团队协作能力、语言表达能力以及综合职业能力。

## 教学建议

### 1. 教师活动

（1）教师展示叠装陈列图片和案例，运用多媒体课件、教学视频等多种教学手段，讲解叠装陈列的特点及原则。

（2）教师在授课中引用不同品牌的服装店铺叠装陈列，引导学生从不同品牌叠装陈列的特点中分析优劣势，增强店铺的整体表现力。

（3）教师通过叠装陈列作品分析与讲解，让学生理解叠装陈列的规范及技巧。

### 2. 学生活动

（1）分组选取不同品牌叠装陈列案例进行分析讲解，提升审美能力和表达能力。

（2）学生在教师的组织和引导下，分组交流和讨论完成叠装陈列学习任务工作实践，进行自评、互评、教师点评等。

# 一、学习问题导入

各位同学，大家好！今天我们一起来学习叠装陈列的特点及规范。作为陈列设计师如何通过叠装陈列来吸引顾客的眼球？可能很多同学都会想到通过主题来体现特色，建议大家先对叠装陈列的概念、特点、规范进行简要了解，在熟练掌握叠装陈列的技巧并会运用后，你们的答案会更加精彩。

# 二、学习任务讲解

## 1. 叠装陈列的概念

叠装陈列是指通过有序的服装折叠，把商品在流水台或高架的平台上展示出来的一种陈列手法。整齐统一的叠装陈列给人一种舒适感，能有效地节约空间，增加门店陈列的立体感和丰富性。叠装陈列适合用于Ｔ恤、正装衬衫、裤子、毛衫等常规款式，能突出款式亮点。

## 2. 叠装陈列的特点

（1）优点。

①空间利用率高，增加货物储备功能。

叠装陈列可以提高卖场的存储商品量，能有效节约有限空间。由于租金高昂，一个服装店铺的空间往往是有限的，如果全部采用单一的挂装形式展示商品，则卖场的空间非常局限。所以，此时采取叠装来增加有限空间里的陈列品数量是一种较好的方法。

②能展示服装部分效果，大面积的叠装组合还能形成视觉冲击力。比如休闲装追求一种量感的风格，叠装容易给人货品充裕的感觉，如图 3-7 所示。

③丰富陈列形式，和其他陈列方式相配合，增加视觉变化。如一些高档女装品牌采用叠装主要是为了丰富卖场的陈列形式，如图 3-8 所示。

图 3-7　叠装陈列展示

图 3-8　组合陈列形式展示

（2）缺点。

叠装陈列的缺点：一是展示效果较差，不能充分展示细节；二是顾客试衣后，工作人员整理服装比较费时。休闲装陈列通常会将每种款式挂装出样，来满足顾客的试衣需求。

### 3. 叠装陈列的操作技巧与使用规范

（1）应把同季、同类、同系列的产品陈列在同一区域内，按颜色分类叠放，要求高度一致，按由小到大的尺码上下叠放。

（2）每件服装均应拆去外包装，肩位、领位齐一，平整摆放，吊牌不外露，胸前的设计商标图案要突出展示。每一摞叠装应保持领位、肩位、襟位和四边折位平整对齐，如图 3-9 所示，为男士 POLO 衫展柜的标准叠放。

（3）薄厚叠装数量的区别：夏季薄面料商品每摞 5 ~ 7 件，冬季厚面料商品每摞 3 ~ 5 件。不同厚度的商品叠放时要控制衣物件数，通常薄款只需放齐码，避免出现乱码现象。厚款不宜过多过高，以免因叠放不稳或倾斜而影响美观。

（4）叠装陈列附近应同时展示同款的挂装，满足顾客详细观看和进行试衣的需求。

（5）层板上陈列的服装高度应一致，为方便顾客取放，上方一般至少留有 1/3 的空间。

（6）每叠服装之间的距离，不能过松或过紧，通常为 10 ~ 15cm，如图 3-10 所示。

图 3-9　叠装陈列图案展示

图 3-10　叠装陈列间距展示

（7）叠装适合面料厚薄适中，不容易产生折痕的服装。西装、西裤、裙子以及一些款式不规则的服装一般不宜采用叠装。

（8）叠装有效陈列高度应介于 60 ~ 180cm，应避免在 60cm 以下展示或光线较暗的角落展示，冷色调、大色块组合适用于货架的底部，如图 3-11 所示。

（9）叠装区域可以摆放模特，模特服饰应两三天更换一次，以保持新鲜感，展示代表性款式，以吸引顾客注意力，如图3-12所示。

图3-11 叠装高度展示

图3-12 叠装与模特展示

### 4. 平铺陈列

平铺陈列是指将服装平铺或摆放在展示台上的一种陈列形式。平铺陈列特点如下。

（1）整理方便，因数量较少，更换快捷，相较于其他方式，每天都可以进行搭配更换。

（2）平铺陈列同样讲究搭配完整性，可在桌面上摆放各种模拟动态的造型，结合饰品与陈列道具，设计出空间的立体感，如图3-13所示。

（3）平铺陈列可在橱窗、中岛、边柜等进行展示，位置较低，不阻碍视线、空间开阔。

图3-13 平铺陈列展示

## 三、学习任务小结

通过本次任务的学习，同学们已经初步了解了叠装陈列的特点和规范。通过叠装陈列案例的分析，同学们理解了不同类型的叠装陈列展示的方法及技巧。同学们可以利用课余时间参观商场不同服装品牌店叠装陈列，汲取陈列的精华，提升自身的专业技能。

## 四、课后作业

收集8～10个相同风格品牌的叠装陈列资料，并制作成PPT进行分享。

学习任务 三

# 挂放陈列及规范

## 教学目标

（1）专业能力：了解挂放陈列的基本概念、分类、特点以及挂放陈列的技巧与规范。

（2）社会能力：能收集、归纳和整理不同服装品牌的挂放陈列方式，并进行分析总结。

（3）方法能力：提高资料收集整理和自主学习能力，以及挂放陈列案例分析应用能力和创造性思维能力。

## 学习目标

（1）知识目标：了解挂放陈列的基本概念、分类、特点及技巧与规范。

（2）技能目标：能够分析正挂与侧挂的特点并分析优劣势，增强服装店铺的整体表现力。

（3）素质目标：资料收集能力、案例分析应用能力和创造性思维能力，养成良好的团队协作能力、语言表达能力以及综合职业能力。

## 教学建议

### 1. 教师活动

（1）教师展示前期收集的挂放陈列图片和案例，运用多媒体课件、教学视频等多种教学手段，讲解叠装陈列的特点及原则。

（2）教师在授课中引用不同品牌的店铺挂放陈列案例，引导学生能够从不同品牌挂放陈列的特点中分析优劣势，增强店铺的整体表现力。

（3）教师通过挂放陈列作品分析与讲解，让学生理解挂放陈列的规范及技巧。

### 2. 学生活动

（1）分组选取体现不同品牌挂放陈列的案例进行分析讲解，提升审美能力和表达能力。

（2）学生在教师的组织和引导下，分组交流和讨论完成挂放陈列学习任务工作实践，进行自评、互评、教师点评等。

# 一、学习问题导入

我们一起来学习挂放陈列的分类和特点，以及挂放陈列的技巧及规范。陈列设计师如何通过挂放陈列来吸引顾客购买商品，强调商品的款式、细节风格和卖点是其重要的工作内容。开始学习之前，建议大家先对挂放陈列的概念、分类、特点、规范进行简要了解，熟悉挂放陈列的技巧并运用。

# 二、学习任务讲解

挂放陈列是把服装产品挂起来进行陈列，这种陈列方式可以使服装避免因堆积而造成褶皱，适用于各类服装。挂放是最常见的陈列方式，挂放可分为正挂、侧挂和组合挂三类。

（1）正挂陈列。

正挂陈列就是将服装以正面进行展示，这种陈列方式能够强调商品的款式、细节风格和卖点，吸引顾客购买。墙面陈列中运用较广泛的就是正挂陈列，在正对主通道的墙面中陈列的是正挂着的主推产品，这样可以突出展示某一款服装，起到点睛之笔的作用。正挂比侧挂更直观，直接影响顾客试穿率，正挂陈列的服装需要经常更换，如图 3-14 所示。

正挂陈列的特点如下。

①展示服装和饰品的搭配，强调商品的款式、细节风格和卖点，吸引顾客购买。

②正挂陈列方便顾客进行对比挑选，店内营业员也能够依照产品顺序进行依次讲解。

③取放比较方便，可以作为顾客试衣用的样衣。

④正挂的挂钩上可同时挂几件服装，既有展示作用，也有储货作用。正挂陈列兼顾人模陈列和侧挂陈列的优点，能弥补人模陈列易受场地限制、侧挂陈列不能充分展示服装的缺点。正挂陈列是目前服装店铺的重要陈列方式之一，如图 3-15 所示。

图 3-14　正挂陈列展示

图 3-15　正挂陈列展示 2

正挂陈列的操作技巧与使用规范如下。

①正挂服装陈列量视服装厚薄而定，服装数量一般控制在 4 ~ 5 件，秋冬比较厚的服装，数量控制在 3 ~ 4 件（或视挂通的长度制定挂货数量标准）。

②正挂服装应按从小至大的尺寸前后排列。

③挂装水平方向色彩渐变应依据顾客流向视角，服装色彩应由外向内、由前向后、由浅至深进行渐变。

④正挂与形象正挂应丰富内外、上下搭配，货品充足，不能太单一，款式、面料、印花相同的货品不要重复摆在一起。

⑤同类、同系列货品应首先计划挂列在同一展示区域内，男女服饰应明确界定并分列挂示。同一展示区域内，同款服装不得同时正挂和侧挂。

⑥正挂服装的衣架方向一律是衣钩开口方向朝左，便于顾客取衣。

⑦过季品挂装应选择独立区域单元进行挂列，并同时配置明确标识。

正挂陈列使用的陈列道具如下。

①挂通。

挂通是服装店进行商品展示必不可少的陈列道具，其是否精致会影响到整个店铺的档次。挂通的颜色和材质要根据服装店铺的面积大小和层高，以及服装店铺的装修风格来选定。1.2m高的挂通是最常用的，如果考虑到秋冬季节需要展示大衣，可以选择高1.5m的挂通，如图3-16所示。

②衣架。

衣架的设计要与店面的风格相匹配，最好能有品牌标识，且要有很好的防滑功能，避免衣服轻易掉落。衣架的设计还要考虑耐用，一旦顾客在使用时因质量问题发生损坏，容易在顾客心中造成不好的印象，同时衣架也不宜过重，以免影响顾客的体验感。要注意同一区域内应使用相同的衣架，如图3-17所示。

图3-16　挂通陈列展示　　　　　　　　　　　图3-17　衣架陈列展示

（2）侧挂陈列。

侧挂陈列是将衣服呈侧面挂在货架上的一种陈列形式，侧挂陈列可以充分展现衣服的设计效果以及高级的系列感。衣杆陈列中使用最多的就是侧挂。侧挂陈列一般会使用到下面三种方法。

①琴键法。

琴键法，又称间隔法，即按照服装颜色的深—浅—深—浅间隔陈列，像琴键一样有节奏感，让整体陈列面视觉效果分明，顾客的视觉感受也会很舒适，如图3-18所示。

②渐变法。

渐变法就是将产品按照色彩的明度、纯度依次陈列，使产品看起来色彩非常丰富，具有很强的秩序美感和空间的延伸感，吸引顾客不由自主地往前走，如图 3-19 所示。

图 3-18　琴键法陈列展示

图 3-19　渐变法陈列展示

③重复法。

重复法分为以下三种。

a. 形式重复法：将商品有规律地反复排列，具有统一、整齐的美感。

b. 色彩重复法：在侧挂出样的时候将商品按照一定的色彩规律重复排列。

c. 元素重复法：这类的侧挂给人以很强的序列感，特别适合展示设计感很强的商品展示，如图 3-20 所示。

侧挂陈列的操作技巧与使用规范如下。

①侧挂通（包括中岛）应注意保持服装间距均匀，服装和服装之间的距离保持在 3 ~ 5cm。

图 3-20 元素重复法陈列展示

②侧挂通衣架钩的方向一致。

③侧挂通的服装陈列要与相邻的正挂服装相响应，过渡自然。整体感觉比较明快，动感，有节奏。

④一组侧挂陈列的颜色不能超过 4 种。

好的侧挂视觉效果必须有一个清楚的色彩规划，具体事项如下。

①规划各个陈列杆的主色调。

②将主色货品挂进去。

③将搭配色货品挂进去。

④调整色彩的排列，微调位置和数量。

⑤撤掉破坏本杆色调的部分。

## 三、学习任务小结

通过本次任务的学习，同学们已经初步了解了挂放陈列的特点以及陈列规范等知识。通过挂放陈列案例的分析，同学们理解了不同类型的挂放陈列方法及技巧。同学们可以利用课余时间到商场参观不同服装品牌店的挂放陈列，汲取陈列的精华，提升自身的专业技能。

## 四、课后作业

收集 8 ~ 10 个相同风格品牌的挂放陈列资料，并制作成 PPT 进行分享。

学习任务

四

# 人模陈列与展示

## 教学目标

（1）专业能力：了解人模陈列的基本概念及常用道具的类型；了解特点和规范。

（2）社会能力：能收集、归纳和整理人模陈列，熟练掌握人模与其他陈列的关联性及服装整体的搭配协调性。

（3）方法能力：提高资料收集整理和自主学习能力，以及人模陈列案例分析应用能力和创造性思维能力。

## 学习目标

（1）知识目标：了解人模陈列的基本概念及作用，熟练掌握人模陈列的特点及原则。

（2）技能目标：能够了解不同品牌的人模陈列的特点，增强店铺的整体表现力。

（3）素质目标：资料收集能力，案例分析应用能力和创造性思维能力，养成良好的团队协作能力、语言表达能力以及综合职业能力。

## 教学建议

### 1. 教师活动

（1）教师展示前期收集的人模陈列图片和案例，运用多媒体课件、教学视频等多种教学手段，讲解人模陈列的特点及原则。

（2）教师在授课中引用不同品牌的店铺人模陈列案例，引导学生能够从不同品牌人模陈列的特点中分析优劣势，塑造品牌形象和展示服装风格的整体表现力。

（3）教师通过人模陈列作品分析与讲解，让学生理解人模陈列风格的确定、使用规范及安全事项。

### 2. 学生活动

（1）分组选取能够体现风格主题的人模陈列案例进行分析讲解，提升审美能力和表达能力。

（2）学生在教师的组织和引导下，分组交流和讨论完成人模陈列学习任务工作实践，进行自评、互评、教师点评等。

### 一、学习问题导入

今天我们一起来学习人模陈列的特点及规范。作为陈列设计师该如何通过人模陈列来体现品牌当前的流行性及时尚性呢？如何传达品牌最新的产品信息？如何将服装的结构特征近距离地展示给顾客呢？在开始学习前，建议大家先对人模陈列的概念、特点、规范进行简要了解，再进一步熟练掌握人模陈列的规范及安全事项。

## 二、学习任务讲解

### 1. 人模陈列的概念

人模陈列是把服饰品穿戴在仿真模特身上的一种陈列形式，也是服装展示空间中常见的形式之一。它的生动性和形象性能给整个服装店铺带来生机和活力，是塑造品牌形象和展示服装风格的有力手段。

### 2. 人模陈列的特点

人模的整体搭配服装往往是本季最具代表性的主打服装，可以体现品牌当前的流行风格和时尚，也能传达品牌最新的产品信息。

（1）人模陈列的优点是可以将服装的结构特征近距离地展示出来，充分展示服装的细节。人模陈列的位置通常选在服装店铺橱窗或大厅等显眼位置。人模展示的服装，单款的销量通常要高于以其他形式展示的服装，如图 3-21 所示。

（2）人模陈列的缺点是占地面积大，选取不方便。人模就像舞台上的主角，在陈列时应注意一个场景中选取小部分，使主次分明，切莫喧宾夺主。

### 3. 人模陈列的常用道具

在服装店铺大厅和橱窗陈列中，人模被广泛用来展示个性款式和服装风格。

（1）店里常见的人模款式一般分为有头和无头两种类型。通过对人模进行全身或半身搭配来塑造整体风格。人模主要用于陈列单件服装，以突出不同款式的特点。

（2）人模具有很强的艺术性，主要用于橱窗和主题服装的陈列，如图 3-22 所示。

图 3-21 人模陈列

图 3-22 人模展示

## 4. 人模陈列的规范

（1）在与周围的形式协调的前提下，应该发挥带动、引领、推进的作用。

（2）同一组人模，应保持服装风格和颜色的协调，如图 3-23 所示。

（3）除了特殊设计，人模的上半部分和下半部分应该搭配完整。

（4）根据服装的风格，配置适当的配件和道具，创建更好的购物环境。

（5）除了具备功能性外，人模还应具有艺术性和创新性。

（6）不要将价格标签和其他物品挂贴在人模上。

图 3-23 同色系人模陈列

## 5. 人模陈列的安全事项

（1）人模是相对昂贵的展示道具，搬运和装配人模时应小心谨慎。先将底座螺丝固定后再安装下身，下身的单腿通常按顺时针方向旋转安装，然后安装上半身，最后安装手臂。

（2）人模安装应该谨慎，通常由两个人配合操作。

（3）人模的脸很容易被坚硬的物体划伤，当穿上衣服后，要注意不要让手臂的铜制构件划到人模脸部，铜制构件应朝外。

（4）人模一般是组装的，可拆卸。更换人模的服装时，一般先取下手，再取下手臂。若要一次性取下整个手臂，应抓住手与手臂之间的连接处，防止人模臂膀跌落断裂。人模陈列如图 3-24 所示。

图 3-24 人模陈列

## 三、学习任务小结

通过本次任务的学习，同学们已经初步了解人模陈列的特点以及陈列规范。通过人模陈列案例的分析，同学们理解了不同类型的人模陈列的方法及技巧。同学们可以利用课余时间参观商场不同服装品牌店的人模陈列，汲取陈列的精华，提升自身的专业技能。

## 四、课后作业

收集 8 ~ 10 个相同风格品牌的人模陈列资料，并制作成 PPT 进行分享。

## 学习任务 2　服装饰品陈列及规范

## 教学目标

（1）专业能力：了解服装饰品陈列的基本概念及作用；了解服装饰品陈列的特点原则。

（2）社会能力：能收集、归纳和整理不同服装品牌的饰品陈列，并进行分析总结。

（3）方法能力：提高资料收集整理和自主学习能力，以及服装饰品陈列案例分析应用能力和创造性思维能力。

## 学习目标

（1）知识目标：了解服装饰品陈列的基本概念及作用，熟练掌握服装饰品陈列的特点及原则。

（2）技能目标：能够分析不同品牌服装饰品陈列的特点，增强服装店铺的整体表现力。

（3）素质目标：资料收集能力、案例分析应用能力和创造性思维能力，养成良好的团队协作能力、语言表达能力以及综合职业能力。

## 教学建议

### 1. 教师活动

（1）教师展示前期收集的服装饰品陈列图片和案例，运用多媒体课件、教学视频等多种教学手段，熟练掌握饰品陈列的特点及原则。

（2）教师在授课中讲解不同品牌的店铺服装饰品陈列案例，引导学生掌握不同品牌服装饰品陈列的匹配要点，增强服装店铺的整体表现力。

（3）教师通过服装饰品陈列作品分析与讲解，让学生理解服装饰品陈列的规范及技巧。

### 2. 学生活动

（1）分组选取能够体现不同品牌服装饰品陈列案例并进行分析讲解，提升审美能力和表达能力。

（2）学生在教师的组织和引导下，分组交流和讨论完成服装饰品陈列学习任务工作实践，进行自评、互评、教师点评等。

# 一、学习问题导入

各位同学，大家好！今天我们一起来学习饰品陈列的特点及规范。作为陈列设计师在布置服装饰品时要考虑服装陈列整体的艺术美感。因此，服装饰品的布置要精心设计，服装饰品陈列应能烘托主题，让服装饰品成为美化服装的器具。建议大家先对服装饰品陈列的概念、特点、规范进行简要了解，进一步熟练掌握服装饰品陈列的技巧并学会运用。

# 二、学习任务讲解

### 1. 服装饰品陈列方式

服装饰品的陈列是静态的营销。服装饰品的特点是体积小，款式多，在陈列的时候注重其整体性、序列性。陈列时可与服装组合陈列，也可单独陈列，服装饰品陈列在服装店铺销售中起到至关重要的作用。服装饰品陈列方式主要有以下几种。

（1）集中陈列，是指在指定区域配合道具进行集中陈列的方式。常见的区域有试衣间区域、休息区、饰品区等，以便顾客试穿服装后随手搭配，提升整体搭配效果。

（2）分布陈列，在店内的橱窗、流水台、模特展示区、中岛展区等重点区域进行点缀搭配，提升区域的搭配效果，如图 3-25 所示。

（3）集中与分布陈列结合。门店面积大、配饰品充足、服装饰品陈列有相应道具支持的品牌，会采取两者结合的方式，既有饰品专区陈列，又满足店内搭配的需要。

### 2. 服装饰品的匹配要点

（1）风格匹配。

在搭配服装饰品时，要从整体的角度考虑，以服装为主，结合服装的风格、色彩等进行搭配陈列。服装饰

图 3-25 分布陈列饰品展台　　　　图 3-26 包＋项链＋鞋的风格匹配

品起点缀和衬托作用，更好地展示出服装整体的风格定位，如图 3-26 所示。

（2）颜色匹配。

服装饰品陈列在搭配服装时，色彩方面需要考虑整体的搭配效果，如果服装主体采用的是同类色的组合方式，那服装饰品的色彩也应该选择同类色进行搭配，力求整体协调，如图 3-27 所示，墨绿色的包呼应了裙子的印花色彩，色调自然复古，融入了整体服装陈列色彩中。

（3）其他匹配。

除了考虑风格和色彩，还需要考虑服装的年龄定位、服装饰品材质变化等因素。

图 3-27 颜色匹配

### 3. 服装饰品的陈列技法

帽子、眼镜、丝巾、项链、包、鞋子等各种服装饰品，都有自身的陈列方式和技法，借助道具更能展现出各种效果，表现出服装饰品的美感和品质。

（1）鞋的陈列方式。

鞋可以单独摆放或者穿在人模脚上，高端品牌更趋向于穿着陈列。

（2）包的陈列方式（见图 3-28）。

①模特手拎包：廓形的大包或精致的小包，适合手拎方式，大包拎包带，小包拿包身。

②单肩背包：单肩背包的方式能突出女性气质。

③跨肩背包：应结合自身服装的结构和设计，避免跨肩背包包带影响胸前造型。跨肩背包的方式多给人休闲、年轻活力的感觉。

④侧杆中包：在侧杆中可运用 S 形钩搭配包、围巾、鞋子等饰品，可起搭配、色彩衔接、舒展空间的作用，如图 3-28 和图 3-29 所示。

（3）项链的陈列方式。

①高领 + 长项链。穿着高领衣服时，搭配长项链。

②圆领露锁骨 + 短项链。低领大多选择短项链，在肌肤上展示更能修饰女性美。

③道具 + 项链。项链、耳环同样可以借助陈列道具展示，如图 3-30 所示。

图 3-28　展桌上陈列的包

图 3-29　侧杆中包的搭配陈列

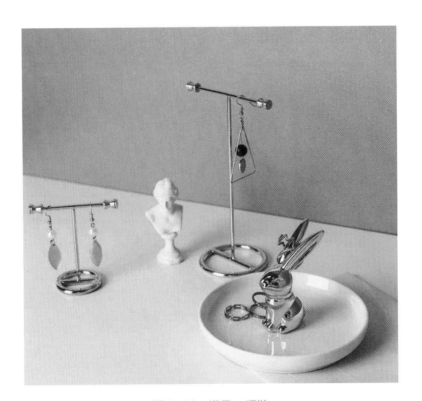

图 3-30　道具＋项链

（4）丝巾的陈列。

①丝巾系在颈部。正面系结适合胸前设计简约的款式；侧面系结适合前胸设计有细节、不宜被遮挡款式，如图 3-31 所示。

②丝巾与包带的搭配方式如图 3-32 所示。

③丝巾展桌摆放展示如图 3-33 所示。

图 3-31　丝巾系在颈部展示

图 3-32　丝巾系在包带展示

图 3-33　丝巾展桌摆放展示

## 三、学习任务小结

　　通过本次任务的学习，同学们已经初步了解了服装饰品陈列的方式、特点和陈列规范。课后，同学们可以利用课余时间参观商场不同服装品牌店服装饰品的陈列方式，不断提升自身的专业技能。

## 四、课后作业

　　收集 8～10 个相同风格品牌的饰品陈列资料，并制作成 PPT 进行分享。

学习任务

# 六　服装陈列与展示组合

## 教学目标

（1）专业能力：了解服装陈列与展示组合的基本概念、作用、形式和原则。

（2）社会能力：能收集、归纳和整理不同服装品牌的陈列与展示组合案例，并进行分析总结。

（3）方法能力：提高资料收集整理和自主学习能力，以及服装陈列与展示组合案例分析应用能力和创造性思维能力。

## 学习目标

（1）知识目标：了解服装陈列与展示组合的基本概念及作用，熟练掌握服装陈列与展示组合的组合形式及原则。

（2）技能目标：能够进行不同品牌的服装陈列与展示的组合设计。

（3）素质目标：资料收集能力，案例分析应用能力和创造性思维能力，养成良好的团队协作能力、语言表达能力以及综合职业能力。

## 教学建议

### 1. 教师活动

（1）教师展示前期收集的服装陈列与展示组合的图片和案例，运用多媒体课件、教学视频等多种教学手段，讲解服装陈列与展示组合的特点及原则。

（2）教师在授课中引用不同品牌的服装陈列与展示组合图片进行分析、讲解，引导学生能够进行不同品牌服装陈列与展示组合的设计实训。

### 2. 学生活动

（1）分组选取能够体现不同服装陈列与展示组合案例进行分析讲解，提升审美能力和表达能力。

（2）学生在教师的组织和引导下，分组交流和讨论完成服装陈列与展示组合学习任务工作实践，进行自评、互评、教师点评等。

# 一、学习问题导入

今天我们一起来学习服装陈列与展示组合的卖场形式。作为陈列设计师需要从理性的角度出发，围绕着消费者的购物习惯和人体的尺度进行设计组合，并将各种陈列方式进行穿插设计，使卖场变得富有生机。建议大家先对服装陈列与展示组合的卖场形式、组合原则进行简要了解，进一步熟悉服装陈列与展示组合的方法和技巧。

# 二、学习任务讲解

### 1. 理性规划服装店铺陈列形式

（1）将重点推荐或正挂的服装，挂在货柜上半部的黄金视野位置，方便顾客拿取。

（2）考虑顾客的购物习惯，在一组货柜中，安排正挂服装与侧挂结合，便于顾客选择试衣。

（3）满足服装店铺销售额，留出叠装的区域作为服装销售储备。

（4）在考虑叠装、正挂、侧挂的组合时，要根据服装品牌的定位和价格等因素灵活应用。低价位的服装，增加叠装的数量来提高销售额，高价位的服装通过正挂陈列形式，来丰富店铺的陈列形式，彰显出高品质，如图 3-34 所示。

（5）各种类别的服装品牌应根据自己品牌的产品定位及顾客的购买习惯，选择适合的陈列方式，并将各种陈列方式穿插展示，使卖场更加富有生机。

### 2. 各种陈列方式的组合原则

（1）方便性原则。要考虑消费者的购物习惯，要方便导购员的销售。

（2）层次感原则。尽量增加服装展示的层次感，使服装的展示效果主次分明。

（3）组合型原则。要穿插各种展示方式，让简单的陈列方式呈现多种变化，如图 3-35 所示。

（4）整体性原则。陈列的规划先要从大到小，先做整个服装店铺的规划，然后考虑重点立面装饰和展示效果，最后考虑服装货架的设计效果。

图 3-34　叠装、正挂、侧挂的组合展示

图 3-35　多样化组合展示

### 3. 服装陈列的组合形式

从服装店铺陈列的美学构成角度分析，常见的组合形式主要有重复法、对称法、均衡法。

（1）重复法：服装陈列面内以单元为单位，重复排列出样的一种陈列方式。这个单元可以是一件商品，也可以是一组商品，如图3-36所示。

（2）对称法：陈列面以一个点或一个面为中心，两边采取相同的排列方式。这种陈列方式可以营造出庄重、典雅的视觉效果。

（3）均衡法：打破平稳的布局，以形或量的对比重塑营造一种新的视觉平衡的方法，如图3-37所示。侧挂和正挂既有主有次，又均衡呈现。

 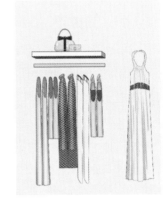

图3-36 重复法展示　　　　　图3-37 均衡法展示

## 三、学习任务小结

通过本次任务的学习，同学们已经初步了解了服装陈列与展示组合概念、特点、原则和组合形式。课后，同学们可以利用课余时间参观商场不同服装品牌店铺陈列与展示组合的方式，不断提升自身的专业技能。

## 四、课后作业

收集8～10个相同风格品牌的陈列与展示组合资料，并制作成PPT进行分类。

# 项目四
## 服装陈列氛围营造

学习任务 一　服装陈列道具

## 教学目标

（1）专业能力：了解服装陈列道具的类别及作用，掌握陈列道具的使用技巧。

（2）社会能力：关注服装陈列道具的内容，运用服装陈列道具知识进行搭配。

（3）方法能力：具备资料收集与整理能力，掌握服装陈列道具运用技巧。

## 学习目标

（1）知识目标：理解服装陈列道具的作用及使用原则。

（2）技能目标：能结合服装店铺的风格特点进行服装陈列道具规划。

（3）素质目标：能分析服装陈列道具使用规范，提高服装陈列能力。

## 教学建议

### 1. 教师活动

（1）教师展示能表达服装陈列道具的图片和视频等资料，并运用多媒体课件、教学视频等多种教学手段，提高学生对服装陈列道具的直观认识。

（2）教师通过分析与讲解，让学生理解服装陈列道具的使用规范。

### 2. 学生活动

（1）通过对不同服装陈列道具的设计进行分析，提高学生的分析及知识运用能力，同时提升其审美能力和表达能力。

（2）学以致用，分组交流和讨论，完成服装陈列道具设计作业。

# 一、学习问题导入

服装陈列的直接目的就是展示服饰品，而要想更好地展示服饰品，就离不开服装陈列道具。在开始学习之前，请各位同学回顾一下服装店有哪些常见的服装陈列道具。

# 二、学习任务讲解

## 1. 服装陈列道具的作用

（1）服装陈列道具具有支撑商品、展示商品的作用。

（2）服装陈列道具具有吸引消费者的作用。

（3）服装陈列道具具有保护商品的作用。

## 2. 服装陈列道具的使用原则

（1）服装陈列道具的外观形态要符合实际展示的功能需要，要有利于商品的陈列，力求功能与形式统一。

（2）不同用途的服装陈列道具的尺寸要符合人体工程学的要求。

（3）服装陈列道具的结构要结实可靠，一方面要保证产品的安全，另一方面也要确保顾客的安全。

（4）服装陈列道具的选用要适合、适度；要做预算，控制成本，注重经济效用。

（5）服装陈列道具要符合品牌的服装风格和商品的特性。

（6）服装陈列道具的设计要简洁、实用，具有可推广性。

（7）服装陈列道具都应该以商品为主导。陈列道具对商品只起到烘托的作用，不能喧宾夺主。

## 3. 服装陈列道具的基本内容

服装陈列道具包括展示台、展柜、货架、衣架、模特、装饰器物等。

（1）展示台。

展示台又称中岛式货柜，无论在高档的旗舰店、概念店，还是在普通的专卖店都是利用率极高的一种货柜形式。它可以单独使用，也可以组合使用，并可以依据不同的风格架用不同材料。在服装店铺里，展示台是承受和衬托服饰品实物的道具，常用来展示平面服装、服饰整体搭配效果或陈列局部人模展示的服装单品，起到保护、衬托产品的作用，也可丰富空间层次。展示台的形态有很多种，比较常见的有如图 4-1 所示的长方形展示台，如图 4-2 所示的正方形、圆形展示台以及如图 4-3 所示的菱形展示台。不同形态的展示台还可以根据不同季节或不同主题进行组合，从而降低展示成本，给顾客新鲜感。

（2）展柜。

展柜是陈列、收纳商品的基本道具，同时还具有分割空间的作用，也常用于空间结构布局。展柜有开放式和封闭式两种。开放式展柜的材料通常有金属、木质或塑料等，开放式展柜让人感到感觉亲切，方便顾客和销售人员拿取；封闭式展柜因将展品与人隔离，贵重的珠宝首饰等商品通常会采用这种展柜，如图 4-4 所示。展柜也分专门的男装、女装展柜，如图 4-5 所示是男装展柜，如图 4-6 所示是女装展柜。根据品牌定位和设计创意的不同，展柜的制作材料会使用树脂、无纺布等。

图 4-1　长方形展示台　　　　　　　　　　图 4-2　正方形、圆形展示台

图 4-3　菱形展示台　　　　　　　　　　　图 4-4　封闭式展柜

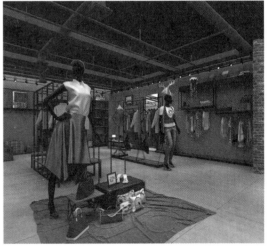

图 4-5　男装展柜　　　　　　　　　　　　图 4-6　女装展柜

展柜的高度是展示道具设计要考虑的一个主要因素。方便顾客拿取的高度在 60～160cm，如果展柜高于 160cm，不利于拿取，适合摆放非主要销售商品或展示用辅助性商品。设计具有良好促销作用的墙面货柜不仅能取得更大的销售空间，获得更大的销售利润，也可以作为某种商品区域的装饰背景。我们平时在设计时要充分发挥陈列的灵活性和创意性，尽可能地为顾客提供更多的选择空间，同时吸引更多的消费者。尤其是在一些空间相对较小的店铺，店内陈列需格外精心设计。

（3）货架。

服装展示中常用的货架通常有挂通、象鼻架和龙门架三种样式，如图 4-7～图 4-9 所示。挂通和龙门架可以陈列较多数量的服装，陈列效率高，但展示效果较差。挂通和龙门架通常放置在展示空间的靠墙位置。象鼻架用来展示服装的正面，展示效果好，但陈列效率低。服装展示中通常将几种展架组合使用，以弥补各种展架的不足，优势互补，丰富展示空间内容。

图 4-7　挂通　　　　　　　　　　　　　　　　　　　　图 4-8　象鼻架

图 4-9　龙门架

（4）衣架。

衣架是服装展示中应用较为广泛的道具，不同品类的服装都有相应的展示衣架。不同品牌由于产品风格不同，衣架可以在色彩、质地上有许多变化。比如高档服装可以选择比较昂贵的深色木质衣架来提升品质感，如图 4-10 所示。年轻、前卫的服装可以选择金属材料、树脂材料的衣架来衬托时尚的格调，如图 4-11 和图 4-12 所示。

衣架设计除了要考虑不同的服装风格，还要考虑不同服装款式和展示设计的需要。如深 V 领或阔领上衣，容易滑落，衣架应加强防滑设计效果，可以采用防滑材料或在衣架肩部加防滑衬垫，如图 4-13 所示。男士西服衣架的肩部要符合人体肩部结构，以防止服装悬挂变形。女士吊带裙、吊带背心等应选用有防滑钩的衣架。裤子、裙子用专门的裤架等，如图 4-14 所示。

图 4-10 木质衣架

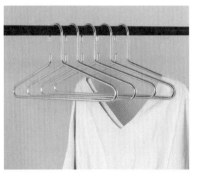
图 4-11 金属衣架

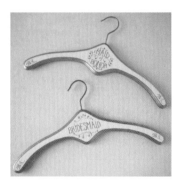
图 4-12 树脂衣架

图 4-13 防滑衬垫衣架

图 4-14 裤架

（5）模特。

模特用来展示流行的服装款式，当然，也可以在一定范围内帮助商店促销各种时装。它是向顾客介绍商品和提高商品价值的道具。模特分为仿真类模特和抽象类模特，如图 4-15 和图 4-16 所示。模特的合理运用，可营造出生活场景，以传达品牌理念，拉近与顾客的距离。

模特有各种样式，包括成人模特、儿童模特、孕妇模特，如图 4-17 所示。模特的姿态包括坐姿（图 4-18）、站姿、躺姿、斜靠。在选择模特时，需要考虑是单独使用还是组合使用，另外，还要考虑是否需要戏剧化的模特、模特数量及姿势。

装扮模特是陈列需考虑的一个重要内容。模特作为一种大型道具，如果装扮不得体，就会适得其反。服装的选用需要动作配合，如果模特的手在髋部，搭配一件衣服在手上会感觉比较自然。学会用大头针固定模特服装也是很重要的，因为并不是所有的服装都能与模特体型匹配，往往都是服装偏大，所以这个时候你就需要考虑如何使大号的衣服在模特衣架上穿出标准型的效果，这就需要用到大头针来固定，通常在衣服内侧固定。

模特的穿衣过程较为讲究，模特本身是需要拆装和分解的。装扮男性模特和女性模特是不一样的，女性模特需要搭配不同样式的发型和发饰，使其显得优雅美丽。在组合多个模特时，需要在拆装、分解时做好标记，以免弄错不同模特的部位，一个模特衣架的四肢与另一个模特的躯干是不匹配的。

大多数模特在设计上都可相互组合，所以可以按照令人赏心悦目的方式进行布置。要擅长发展模特之间的互动性，模特组合放置不得当，会破坏展示的创意。组合模特往往可以使陈列设计师发挥创造力，多个模特组合时通常都会有主体模特，其他模特都是陪衬，所以模特的使用需要主次分明，合理搭配。模特通常在橱窗等店铺的黄金位置陈列，这样更能吸引顾客目光。

（6）装饰道具。

图 4-15　仿真类模特

图 4-16　抽象类模特

图 4-17　孕妇模特

图 4-18　坐姿模特

装饰道具种类很多，从形式上划分为平面和立体装饰道具。平面装饰道具形式包括装饰画、广告宣传画等。立体装饰道具包括绿色花饰植物、雕塑、陶瓷、布艺、编织物等，如图 4-19 ~图 4-21 所示。

在橱窗展示中，根据不同主题采用不同的装饰道具对营造气氛非常有效：如用花草、树枝、麦穗、雪花等表现四季；用灯笼气球、彩带、礼品盒等表现节庆主题；用船锚、救生圈表现航海主题；用行李箱、望远镜表现旅行主题等，如图 4-22 所示。随着科技的进步，装饰道具的创意设计不断拓展，越来越丰富的材料应用于陈列设计，使陈列设计产生了无穷的变化。

图 4-19　花饰装饰

图 4-20　植物装饰

图 4-21　陶瓷、布艺、编织物装饰

图 4-22　主题装饰

## 三、学习任务小结

　　通过本次任务的学习，同学们已经初步了解了服装陈列道具的基本内容及使用技巧。通过分析不同风格服装陈列道具，同学们理解了陈列道具组合使用的技巧。课后，大家可以到大型商业中心参观服装陈列道具的和布置方法，巩固本次任务的学习内容。

## 四、课后作业

　　收集 10 个不同服装店铺的组合陈列道具图片，对其设计特点进行分析，并制作成 PPT 进行小组分享。

学习任务 二

# 服装陈列照明

## 教学目标

（1）专业能力：了解服装陈列照明的作用，掌握服装陈列照明的使用技巧。

（2）社会能力：关注服装陈列照明的内容，运用服装陈列照明知识进行卖场设计。

（3）方法能力：具备资料收集与整理能力、掌握陈列照明的运用技巧。

## 学习目标

（1）知识目标：理解服装陈列照明的作用及使用原则。

（2）技能目标：能结合服装店铺的具体情况进行服装陈列照明规划。

（3）素质目标：能分析服装陈列照明，提高服装店铺陈列照明规划能力。

## 教学建议

### 1. 教师活动

（1）教师展示服装陈列照明的图片和视频，并运用多媒体课件、教学视频等多种教学手段，提高学生对服装陈列照明的直观认识。

（2）教师通过分析与讲解服装陈列照明，让学生理解服装陈列照明的使用规范。

### 2. 学生活动

（1）通过对不同服装陈列照明设计的分析，提高学生的分析及知识运用能力，同时提升其审美能力和表达能力。

（2）学以致用，分组交流和讨论，完成服装陈列照明设计作业。

# 一、学习问题导入

明亮的卖场会吸引顾客进入，昏暗的卖场就相对缺乏吸引力。不同的光对人的视觉和心理产生不同的影响，也会影响到顾客的情绪。服装陈列要适当利用多种照明方式，让顾客感受到衣服的美感。本次任务我们就一起来学习如何利用合适的照明让服装更好地体现其美感。

# 二、学习任务讲解

## 1. 照明的作用

（1）塑造服饰品的立体形象。

合理设置服装店铺光源及照明强度，能加强空间的三维立体感，提升空间和展品的艺术效果，如图4-23所示。

（2）表现商品的质感。

强化光的明暗对比效果能够更好地表现纹理与质感，形成抢眼的视觉中心，如图4-24所示。一处或多处向同一方向照射的光线适合彰显服装的纹理组织，集束的光线则能刻画服装细致的质感。但是，切勿使用过强的光，否则会冲淡服装质感与色彩的表现，减弱细部的视觉效果，且易导致视觉疲劳。

（3）渲染店铺的气氛。

不同的购物环境带给顾客不同的心情，其中光的变化起着重要作用。光渲染的气氛和光环境的艺术感染力对人的心理状态有重要的影响，良好的光环境设计能使顾客对服装产生好感，最终产生购买的欲望，如图4-25所示。

图4-23　灯光塑形　　　　　　　　图4-24　灯光塑质　　　　　　　　图4-25　灯光渲染气氛

## 2. 照明设计的基本原则

（1）舒适原则。

灯光明亮的卖场给人一种愉悦的感觉，反之，灯光灰暗的店铺让人觉得昏暗、沉闷，顾客不仅看不清楚服装的效果，还会使卖场显得毫无人气。舒适的灯光可以增加顾客进入卖场的机会，同时延长顾客停留的时间，也就增加了消费的机会。

（2）协调性原则。

光与灯具的造型应符合展示空间环境、气氛的要求，同时，要从整体空间效果考虑光的照度、色彩、方式、高度、位置，达到空间的统一和协调。另外，还要注意色彩的协调，即冷色、暖色要视用途而定。冷暖结合是最适合的。如果服装店是全部是冷光，虽然明亮，但给人惨淡的感觉、不够温馨，衣服显得不够柔和，暖光灯能中和这种偏冷的感觉，使服装更有吸引力。

（3）吸引原则。

在终端卖场中，除了造型和色彩以外，灯光也是吸引顾客的一种重要元素。咖啡馆、酒吧、茶饮店这些商业场所通常需要营造轻松的氛围，因为顾客来这里主要是为了放松心情。但购物场所还需要提高顾客的兴奋度，引起顾客对店铺以及产品的关注，激发购买欲望。在同一条街上，通常灯光明亮的店铺要比灰暗的店铺更吸引人，因此，适当地调高店铺里灯光的亮度将会提高顾客的进店率。

灯光设置的方法如下：适当增加橱窗灯光的亮度，超过隔壁商店的亮度，使橱窗变得更有吸引力和视觉冲击力；善用灯光的强弱以及照明角度变化，使展示的服装更富有立体感和质感；卖场深处面对入口的陈列面要明亮一些。

（4）真实显色原则。

顾客在店铺中会通过试衣来确认服装的色彩是否适合自己。顾客通常根据日光照射效果来检验服装色彩的真实度，因为很多卖场的灯光照射效果和日光有很大的差别。因此，为了真实地还原色彩，店铺中选用的重点照明的灯光，应该考虑色彩真实的还原性，一般要接近日光。

不同部位对光源显色性能的要求不同，卖场中重点推荐的服装以及正挂展示的服装灯光显色要好。但是，为了达到一定的效果，橱窗灯光可以不用过多地考虑显色性。

（5）层次分明原则。

卖场中的灯光应像舞台剧中的灯光一样，可以用灯光的强弱突显卖场中的主角。可以根据卖场区域功能的分类，用灯光来显示。巧妙地用灯光区分卖场各区域的功能、主次，给顾客一种心理暗示。如橱窗用指向分明的灯光来吸引顾客；用明亮的灯光让顾客可以仔细看清楚货架上服装的细节；用柔和的灯光在服务区营造温馨的氛围。在重要部位加强灯光的强度，一般部位只满足基本的照度。用不同的灯光使整个卖场主次分明，并且富有节奏感。根据灯光在卖场中的作用，卖场各部位灯光的主次一般按以下顺序排列：橱窗—边架—中岛架—其他。

（6）与品牌风格吻合原则。

针对不同的品牌定位和顾客群，灯光的规划也有所不同。一般情况下，大众化的品牌由于价位比较低，往往追求速战速决的营销方式，灯光的照度较高。高亮度的照明可以在短时间内使顾客兴奋，促使顾客快速消费。同时，由于货品的款式和数量较多，照明区域以基础照明为主，和重点照明照度差距较小，其基础照明比高档品牌要相对亮一些。

高档服装专卖店由于其价位高，顾客对服装选择比较慎重，要做出购物决定的时间也相对较长些。同时由于这类服装往往风格比较特别，个性化较强，其基础照明的照度相对较低。为了追求剧场式的效果，往往通过降低基础照明的照度，使局部照明显得更富有效果。

（7）科学性原则。

科学合理的室内灯光布置应该注意避免眩光，要合理分布光源。顶棚光照明亮，使人感到空间增大，明快开朗；顶棚光线暗淡，使人感到空间狭小压抑。光线照射方向和强弱要适宜，避免直射人眼。

## 3. 服装店铺照明具体方式

（1）光线照射方式。

①正面光。

光线来自服装的正前方。被正面光照射的服装有明亮的感觉，能完整地展示服装的色彩和细节，但立体感和质感较差，一般用于卖场中货架的照明，如图4-26所示。

②斜侧光。

斜侧光指灯光和被照射物形成45°的光位。灯光通常从左前侧或右前侧对商品进行照射，这是橱窗陈列中常用的光位，斜侧光照射使模特和服装层次分明、立体感强，如图4-27所示。

③侧光。

侧光又称90°侧光，灯光从被照射物的侧面照射，使被照射物明暗对比强烈，立体光影明显。侧光一般不单独使用，只作为辅助用光，如图4-28所示。

④顶光。

顶光的光线来自模特的顶部，会使模特脸部和上下装产生浓重的阴影，一般要避免，如图4-29所示。同时，在试衣区顾客的头顶位置也要避免设置灯光。正面光和斜侧光在实际中经常被运用。

图4-26 正面光

图4-27 斜侧光

图4-28 侧光

图4-29 顶光

（2）卖场中分区域照明。

①橱窗照明。

橱窗里的模特位置变化较大，为了满足模特陈列经常变化的需要，橱窗大多采用可以调节方向和距离的轨道射灯。为防止眩光并营造橱窗效果，橱窗中的灯具一般被隐藏起来。传统的橱窗灯具通常安装在橱窗的顶部，但由于其照射角度比较单一，一些国际品牌大多在橱窗的一侧或两侧甚至在地面上安装几组灯光，以丰富橱窗灯光效果，如图4-30所示。

由于封闭式橱窗可以进行相对独立的布光，其自由度较大。半封闭式和开放式橱窗必须要考虑和店铺内部灯光的呼应。开放式橱窗由于与商店内部是一体的，要根据不同的店面形式采取不同的灯光配置。如果要强调橱窗，可以增加橱窗照度和亮度。如果要强调店铺内的效果，可以让卖场中的某些区域作为重点照明区，如图4-31所示。

②入口照明。

入口的灯光设计非常重要，照明设计的要求也比较高。入口处的灯光明亮，更能吸引顾客进入，如图4-32所示。

③货架照明。

货架照明要根据展品需求来确定。对于一些平面性较强，层次较丰富，细节较多，需要清晰展示各个部位的展品来说，在照明时应减少投影或弱化阴影，可利用方向性不明显的漫射照明或交叉性照明来消除阴影造成的干扰。对于一些需要突出立体感的服装，可以用侧光进行组合照射。货架的照明灯具应有很好的显色性，中、高档服装专卖店应该采用重点照明，可以用射灯或在货架中采用嵌入式或悬挂式直管荧光灯具进行局部照明，如图4-33所示。

图4-30 橱窗照明

图4-31 开放式橱窗照明

图4-32 入口照明

图4-33 货架照明

④试衣区照明。

试衣区的灯光设置很容易被忽视，因为试衣区与货品区没有明确的分界线，所以通常会将试衣区的灯光纳入卖场的基础照明中。但是试衣区镜子前的灯光亮度不足，往往会影响顾客的购买率，如图 4-34 所示。

试衣区的灯光设计是十分重要的，试衣区的灯光要求色彩的还原性要好，因为顾客要在这里观看服装的色彩效果。为了更衬顾客的肤色，可以适当采用色温低的光源，使色彩稍偏暖色。没有布置试衣镜的试衣间灯光照度可以低些，显得更温馨。试衣镜前的灯光要避免眩光。

图 4-34　试衣间照明

## 三、学习任务小结

通过本次任务的学习，同学们已经初步了解了服装陈列照明设计的基本内容、方法、技巧和服装陈列照明的使用规范。课后，同学们可以到大型商业中心的服装店铺学习服装陈列照明设计。

## 四、课后作业

收集 10 个不同店铺的陈列照明图片，对其使用规范进行分析说明，并制作成 PPT 进行小组分享。

## 学习任务 三

# 服装店铺色彩

## 教学目标

（1）专业能力：认识色彩设计在服装店铺产品展示中的重要作用。

（2）社会能力：能从服装店铺产品展示中分析色彩的意义。

（3）方法能力：具备资料收集、整理和分析能力。

## 学习目标

（1）知识目标：掌握服装店铺色彩的使用原则。

（2）技能目标：能够从服装陈列案例中提取色彩进行分析。

（3）素质目标：能够提高综合审美和分析能力。

## 教学建议

### 1. 教师活动

教师讲解服装店铺色彩设计的方法，引导学生进行服装店铺色彩设计实训。

### 2. 学生活动

认真聆听教师讲解服装店铺色彩设计的方法，并在教师的引导下进行服装店铺色彩设计实训。

# 一、学习问题导入

服装领域商业竞争日趋激烈，服装企业为提高效益，更加重视终端卖场的展示设计，色彩则成为服装店铺产品展示重要的视觉传达要素。服装店铺色彩的设计能够有效传达服装特定的信息，使人们沉浸在店铺之中，从而在有意或无意中关注与服装相关的信息。

# 二、学习任务讲解

## 1. 服装店铺色彩分区

（1）背景色彩。

商场中的背景色彩是指由墙面、顶面、地面及其中的商品、展具、促销用品等构成的综合性的环境色彩。背景色是商场中的各个界面所营造出的主色调，色彩面积大，具有传递商场的定位和文化主题的作用。

（2）展具色彩。

商场中的展具色彩是指柜台、货架、展架、货柜、立橱、篮筐等陈列用具的色彩。展具色彩的选用应当侧重其过渡的作用，即由环境色过渡到商品色，展具色彩不必特别突出。

（3）商品色彩。

商品色彩即商品包装或其本身固有的色彩。一般可以在商场的入口处摆放暖色调包装的商品，比吸引消费者。在中间或靠里的区域摆放绿色、蓝色的商品，可以缓解消费者在购物过程中的视觉疲劳。而具有黑色、褐色等包装颜色的商品应摆在较低的位置，以保证空间的平衡。

（4）促销色彩。

促销色彩是指商场中通过 POP 广告、促销道具、促销员着装等形式所形成的色彩氛围。在不同的季节，店铺可以使用不同冷暖色调的促销色彩。针对不同的商品采取促销活动的时候，也需要选择适当的促销色彩。

## 2. 色彩基础原理

（1）服装陈列色彩分类。

服装陈列色彩可以分为有彩色系和无彩色系。有彩色系包括红、橙、黄、绿、蓝、紫等色彩；无彩色系主要是黑、白、灰，如图 4-35 所示。

（2）色彩三属性。

①色相：色彩的相貌和名称，如图 4-36 所示。

②明度：色彩的明暗程度。在无彩色系中，白色明度最高，黑色明度最低；在有彩色系中，黄色明度最高，蓝紫色明度最低。

③纯度：色彩的鲜艳程度，又称饱和度或彩度。无彩色系纯度为零；彩色系的色彩越鲜艳，纯度就越高。色彩属性如图 4-37 所示。

（3）色调。

冷色调：以蓝色为主调，如蓝绿色、蓝色、蓝紫色，让人感觉寒冷、凉爽、悠远。

暖色调：以黄色和红色为主调，如红色、橙红色、橙黄色、黄色等，让人感觉温暖、热情、欢快、兴奋。

中性色调：介于冷色和暖色之间的颜色，如黑、白、灰。

（4）色彩关系认知。

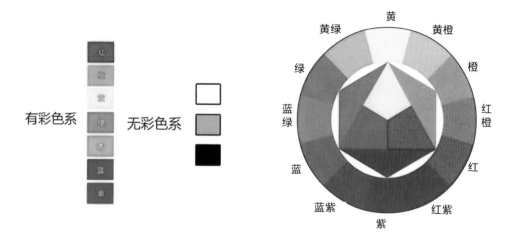

图 4-35　有彩色系和无彩色系

图 4-36　色相

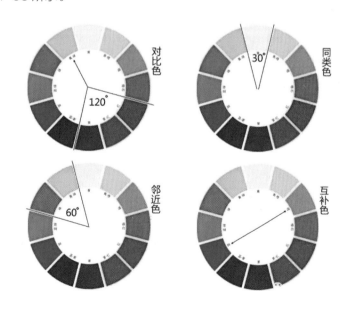

图 4-37　色彩属性

同类色：单一色相通过变化明度、纯度达到色彩变化的色系。

邻近色：也称近似色，色相环中相差 60° 的颜色都是近似色，如黄色与绿色、黄色与橙色、红色与橙色。

对比色：色相环中相差 120°～150° 的颜色。如红色与黄色、红色与蓝色、黄色与蓝色。

互补色：色相环中每一个颜色与其相对 180° 的颜色即该颜色的补色。如红色与绿色、橙色与蓝色、黄色与紫色。色彩关系如图 4-38 所示。

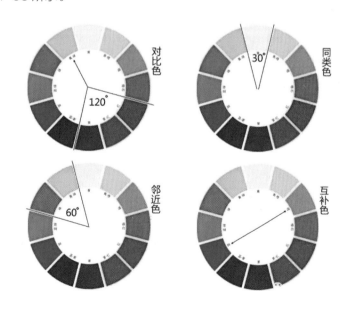

图 4-38　色彩关系

### 3．色彩搭配规律

科学家曾经做过一个有关色彩和形体的实验：当人们在观察一个物体的时候，在最先的几秒钟内，人们对色彩的注意度要多一些，而对形体的注意度则要少一些，过一会儿后，人们对形体和色彩的注意度才各占一半。这就告诉我们，色彩常常给顾客先入为主的"第一印象"。不同的色彩通常能给人们带来不同的心理感受，例如一定明度的红色能够给人一种兴奋的感觉，蓝色则会给人带来一种宁静的感觉。

在服装店铺货品的陈列中，色彩经常成为优先考虑的要素。这就需要我们除了掌握一些基本的色彩知识还要懂得色彩搭配原理，了解一些服装陈列的色彩搭配知识，再通过经验的积累，不断提高自己对色彩的认识。

同一个品牌，不同色彩的搭配，会给人不同的感受。同样，在产品、风格、结构相同的情况下，色彩的变化仍然会呈现不同的视觉效果。中心位置的服装如果颜色不同，效果也不同。人们对明亮的色彩更加敏感，因为它往往象征着光明、安全、温暖、欢乐等。明亮的色彩搭配可以使整个卖场更有活力，顾客进店次数与停留时间也会大大增加。

### 4．服装店铺色彩设计技巧

（1）利用色彩对顾客情感的影响。

不同的色彩搭配，会给顾客不一样的感受。为了吸引顾客，陈列设计师要掌握不同色彩的搭配特性，调节顾客的情绪，在卖场中营造出合适的购物气氛。

（2）利用邻近色和对比色搭配。

邻近色的搭配通常给人柔和、秩序、和谐的感觉；对比色的搭配通常具有强烈的视觉冲击力。邻近色可以给人一种舒适、温馨的感受；对比色很容易给人一种兴奋和刺激的感觉。利用邻近色和对比色的搭配如图4-39和图4-40所示。

（3）利用冷暖色搭配。

暖色系会给顾客带来热情、明亮、活泼、温暖的感觉，冷色系则会令顾客感受到安详、沉静、稳重，冷漠，如图4-41所示。

图4-39 利用邻近色搭配

图4-40 利用对比色搭配

图4-41 利用冷暖色搭配

（4）利用明度关系搭配。

明度高的色彩会给人一种轻松、明快的感觉，明度低的色彩则会给人沉稳、稳重的感觉。

（5）利用纯度关系搭配。

纯度高的色彩往往能够彰显华丽的风格，纯度低的色彩则会给人一种朴素、雅致的感觉，如图4-42所示。

（6）利用色彩体量感搭配。

在同样体积的情况下，明度高的色彩会给视觉带来膨胀感，明度低的色彩会产生一种空间的收缩感，如图4-43所示。

（7）利用色彩的前进感或后退感搭配。

明度高、纯度高的色彩往往会给人一种前进感，明度低、纯度低的色彩会给人一种后退感，如图4-44所示。

图4-42 利用纯度关系搭配

图4-43 利用色彩体量感搭配

图4-44 利用色彩的前进感和后退感搭配

## 三、学习任务小结

通过本次任务学习，同学们已经初步了解了色彩在服装店铺中的作用。通过设计案例的展示与分析，同学们掌握了服装店铺色彩搭配方法。课后，同学们需要认真整理课堂笔记，收集有特色的服装店铺色彩设计资料。

## 四、课后作业

收集服装店铺色彩设计资料，分析色彩在服装店铺中的作用。

学习任务 四

# 服装店铺 POP 设计

## 教学目标

（1）专业能力：具备服装店铺 POP 设计能力。

（2）社会能力：能从广告宣传形式分析各品牌 POP 设计。

（3）方法能力：具备资料收集、整理和分析能力。

## 学习目标

（1）知识目标：掌握服装店铺 POP 设计的原则和方法。

（2）技能目标：能结合服装店铺的需求进行 POP 设计。

（3）素质目标：能表述服装店铺 POP 设计中体现的广告理念，培养对广告美感的敏感度。

## 教学建议

### 1. 教师活动

教师讲解服装店铺 POP 设计的方法，提高学生对服装店铺 POP 设计的直观认识，同时收集各类别 POP 设计案例进行展示，提高学生的 POP 设计审美能力。

### 2. 学生活动

聆听教师讲解服装店铺 POP 设计的方法，并在教师的指导下进行服装店铺 POP 设计实训。

# 一、学习问题导入

今天我们一起来学习服装店铺 POP 设计。同学们知道什么是 POP 吗？POP 是英文 point of purchase 的缩写，意为"卖点广告""销售广告"，其主要商业用途是刺激和引导消费以及活跃卖场气氛。POP 广告 作为一种主要的营销手段，在零售店销售中得到充分运用。请大家仔细观察图 4-45 和图 4-46 中 POP 广告 所呈现的效果，试着罗列出服装店铺 POP 广告的分类。

# 二、学习任务讲解

## 1. 服装店铺 POP 广告的分类

（1）室外广告。

室外广告以吸引顾客为目的，其方式有外壁 POP 广告、灯箱 POP 广告、3D 动画 POP 广告等。服装店铺门口可以通过增加布条、气球、挂旗等道具等来吸引顾客，如图 4-47 和图 4-48 所示。

图 4-45　POP 广告 1

图 4-46　POP 广告 2

图 4-47　外壁 POP 广告

图 4-48　灯箱 POP 广告

（2）门头广告。

门头广告指在门店外设计招牌标志达到吸引顾客进店的目的的广告形式。门头广告能突出品牌企业文化，能更好地宣传品牌理念。把季度热门的服装投放在广告上，能更好地吸引顾客光临，如图 4-49 和图 4-50 所示。

（3）室内广告。

室内广告可以指引商品陈列处。室内广告的类别包括垂吊式牌、垂吊式陈列、挂旗、地面立牌、立竿陈列、大木偶、地面架等，如图 4-51～图 4-53 所示。

图 4-49　门头广告 1　　　　　　　　图 4-50　品牌门头广告 2

图 4-51　垂吊式牌　　　　图 4-52　垂吊式陈列　　　　图 4-53　地面立牌

### 2.POP 广告的特点

POP 广告是广告的一种表现形式，它具有以下特点。

（1）促进消费：POP 广告以促成现场交易为目的，能第一时间吸引顾客的视线，激起购买欲望。

（2）营造气氛：POP 广告以强烈的色彩、美丽的图案、突出的造型和准确生动的广告语言，营造强烈的销售气氛。

（3）形式多样：POP 广告的展示手法、商品陈列销售方式与商业服务方式密切结合，形式灵活多样，风格新颖。

（4）取代人工：POP 广告能间接取代销售人员的销售模式。随着时代进步，很多服装店铺都推崇自选模式经营，例如某些快时尚品牌采取顾客自选的购买形式。当消费者面对诸多商品无从选择时，摆放在商品周围的 POP 广告便会忠实地向消费者提供商品信息，促成其购买行为。

### 3. 服装 POP 广告

服装 POP 广告属于 POP 广告的一类，即在服装类商业空间、购买场所、零售商店的周围和内部，为宣传服装、吸引消费者、增强消费者了解度从而引发消费者的购买欲望和购买行为的一切广告活动。广义的服装 POP 广告形式众多，依照陈列位置和陈列方式一般可分为以下四种形式。

（1）墙面式服装 POP 广告。

墙面式服装 POP 广告一般出现在店铺门口、通道、店内展台、店内货架周围以及店内墙壁等。其形式可分为吊挂式和壁挂式两种，有平面和立体两种展示方式。

（2）橱窗式服装 POP 广告。

橱窗式服装 POP 广告展示是销售广告的重要形式。它利用各种商品、道具、模型、背景等，经过艺术设计，使整个橱窗富有装饰性和立体感，以展示商品、显示企业的经营特色。橱窗 POP 广告将商品直接展现在消费者面前，给消费者直观的视觉冲击，并能配合商店经营重点和商品季节的变化进行灵活的布置，具有很强的诱导性和审美性，同时，能很好地宣传商品，传播市场信息，起到促进消费的作用。优美的橱窗广告不但能够促进商品的销售，而且能装饰店面、美化市容，是一种很好的 POP 广告形式。见表 4-1。

**表 4-1 橱窗 POP 广告的类型表**

|  | 名称橱窗 | 分析 |
| --- | --- | --- |
| 商品的种类 | 综合性 | 各具有代表性的商品组合起来加以展示的橱窗 |
|  | 分类性 | 突出宣传某种商品而设置的橱窗 |
|  | 专题性 | 围绕某一主题，或侧重宣传某商品的而设置的橱窗 |
| 展示的时间 | 常设性 | 内容大致不变而形式适当改变的橱窗 |
|  | 突击性 | 应市场变化和经营决策的需求而突击设置的橱窗 |
|  | 时令性 | 按季度或节日的需要而设置的橱窗 |
| 展示的地点 | 门面 | 设于购买点门口两侧，面向街道的橱窗 |
|  | 室内 | 设于购买点内的橱窗 |
|  | 室外 | 设于购买点门外场地上的橱窗 |

（3）组装式服装 POP 广告。

组装式服装 POP 广告指设置在室内的小型广告，有时也可陈设在室外。它可以是平面的，也可是立体的。例如摆放在柜台旁或者展示架上的小样、赠品、伴手礼等用于当季服装新品推广，如图 4-54 所示。服装企业简介等主要用于推广已上市或者即将上市的热销服饰。

图 4-54　组装式服装 POP 广告

## 三、学习任务小结

通过本次课学习，同学们已经初步了解了服装店铺 POP 设计的方法。通过视频与图片的展示与分析，同学们直观地了解服装 POP 广告的设计原则和方法，提升了对服装店铺 POP 设计的深层次理解。课后，大家需要认真整理笔记，完成 POP 设计的思维导图。

## 四、课后作业

每位同学完成一幅 POP 设计图。

# 学习任务 五 服装店铺音乐设计与气味营造

## 教学目标

（1）专业能力：了解服装店铺音乐设计原则和气味选择要求。

（2）社会能力：能收集服装店铺音乐设计与营造氛围资料。

（3）方法能力：具备资料收集与整理能力、掌握运用技巧。

## 学习目标

（1）知识目标：了解服装店铺音乐设计与气味选择的要求和原则。

（2）技能目标：能结合服装店铺的风格特点进行氛围设计。

（3）素质目标：能进行音乐设计和气味营造的规范分析，提高服装店铺陈列设计规划能力。

## 教学建议

### 1. 教师活动

（1）教师展示视频和音频等资料，并运用多媒体课件、教学视频等多种教学手段，提高学生对服装店铺音乐设计原则和气味选择要求的直观认识。

（2）教师通过对服装店铺音乐和气味使用规范的分析与讲解，让学生理解使用规范。

### 2. 学生活动

（1）通过对不同风格服装店铺的设计分析，提高其分析及知识运用能力，同时提升其审美能力和表达能力。

（2）学以致用，分组交流和讨论服装店铺音乐设计原则和气味选择要求。

# 一、学习问题导入

服装店铺每天都会播放音乐，顾客在进入服装店铺后，扑面而来的气味也会令顾客记忆深刻。事实上，如果音乐和气味选择得当，可以促进销售。氛围营造有什么技巧？是每天都单曲循环同一首歌，还是随机播放音乐？香氛气味是要浓郁一些还是淡雅一些？我们今天就来了解一下服装店铺音乐和气味的设计。

# 二、学习任务讲解

### 1. 音乐设计原则

（1）音乐风格与服装店铺定位相匹配。服装店铺应播放能促进销售的主题音乐，要将服装店铺的特点和顾客特征相结合，风格定位应当一致。

（2）音量要适中、舒适。人的听觉差异较大，考虑顾客的年龄与身体因素，音乐播放的强度必须根据服装店铺的主要销售对象进行控制。

（3）音乐富有特色。服装店铺可以播放特色音乐从而与竞争对手相区别，提高自身辨识度。

（4）不同时间段播放不同的音乐。可以在营业的不同时间段播放不同的音乐，上午可以播放有活力、节奏快的音乐来带动导购员的工作积极性和顾客的购买热情，下午播放舒缓音乐调节心情。

（5）开展促销活动期间，选择可激发购买欲的音乐。根据促销活动选取合适的音乐，在促销大卖时可以播放一些节奏欢快、动感的乐曲，使顾客产生"不抢购不罢休"的心理冲动。

（6）音乐呼应节日。节日播放应节音乐，节日歌曲有助于与顾客产生心理互动，引起其购买欲望。比如春节时放《恭喜发财》，情人节放《甜蜜蜜》。

（7）音乐呼应季节。什么季节放什么歌，在炎炎夏日，店铺中播放涓涓流水和莽莽草原的悠扬乐曲，能使顾客在炎热中感受到清新和舒适。

（8）空闲时放音乐营造氛围。音响应间断使用，并且应在营业较轻松、空闲的时间内运用音乐调节气氛。切忌音量过大，太嘈杂，以免影响顾客与导购员交流。

（9）根据主流消费群选择音乐。不同年龄阶段、不同文化层次、不同消费水平的顾客在音乐选择上有所差异，要根据主流消费群选择音乐。

（10）音乐要与时俱进。

### 2. 气味营造技巧

对气味的喜好因人而异，不同的气味给人带来不同的感受，而大部分气味都是利用植物香气提取而来的，具体如下。

（1）蔷薇香：松弛神经、解除身心疲劳。

（2）郁金香：可消除眼睛疲劳及消除烦躁。

（3）兰花香：不可过浓，否则会产生眩晕感。

（4）白兰花香：能起杀菌、净化空气的作用。

（5）丁香：有明显的净化空气的能力，其杀菌能力很强，室内摆放丁香能在一定程度上预防传染病，但其香味浓郁，不可多闻，否则会感觉头晕。

（6）水仙香：能让人感到宁静、温馨。

## 三、学习任务小结

通过本次任务学习，同学们已经初步了解了服装店铺音乐设计的原则和香气选择的技巧。课后，同学们可以实地去服装店铺进行体验，并将实际感受记录下来进行分享。

## 四、课后作业

实地去各种类型服装店铺体验，记录并分析其音乐设计的原则和香气选择的技巧。

# 项目五
## 橱窗陈列设计

学习任务一　橱窗的分类与原则
学习任务二　橱窗设计方法和设计方案的制定

学习任务 一

# 橱窗的分类与原则

## 教学目标

（1）专业能力：了解橱窗设计在服装店铺陈列中的作用和设计原则。

（2）社会能力：了解橱窗陈列设计的特点，开拓视野，提高审美水平。

（3）方法能力：具备资料收集能力、案例分析能力、语言表达能力及沟通协调能力。

## 学习目标

（1）知识目标：了解橱窗设计的基本概念和设计原则。

（2）技能目标：能对橱窗设计案例进行分析。

（3）素质目标：能分析优秀服装品牌的橱窗设计案例，提高审美能力。

## 教学建议

### 1. 教师活动

（1）教师讲解橱窗设计的基本概念和设计原则，提高学生对橱窗设计的直观认识，培养学生的审美能力。

（2）引导学生分析优秀服装品牌橱窗设计的特点，收集相关设计案例。

### 2. 学生活动

收集服装店铺橱窗设计的图片，对其进行要点分析。

# 一、学习问题导入

橱窗是进行服装品牌宣传的重要区域。橱窗设计，是吸引顾客进店的重要因素，对服装店铺的销售起着至关重要的作用。本次任务我们一起来学习服装店铺橱窗设计的知识。

# 二、学习任务讲解

## 1. 橱窗的功能和作用

（1）提高顾客进店率。

顾客进店率是考量一家服装店铺经营状况的重要因素之一。琳琅满目的服饰让人眼花缭乱。服饰外观的吸引力尤为重要。因此，一个成功的橱窗设计能够让消费者过目不忘，从而进店选购。

（2）提升品牌形象、宣传品牌文化。

橱窗就像一个固定的广告位，比起其他的广告形式，它能更直接传递商品信息，成本也更低。服装品牌广告往往体现服装品牌信息与服装品牌文化，橱窗设计可以形成固定风格，使服装品牌在消费者心里形成深刻的印象。橱窗设计如图 5-1 和 5-2 所示。

（3）传递店铺销售的信号。

橱窗设计还可用于一些特定时期销售的信号传递，比如换季打折（图 5-3）、新品上市等。

## 2. 橱窗的分类

（1）橱窗按位置可以分为店头橱窗和店内橱窗，如图 5-4 所示。

（2）橱窗从装修的形式上可以分为通透式、半通透式和封闭式，如图 5-5 ～图 5-7 所示。

图 5-1 橱窗设计 1

图 5-2 橱窗设计 2

图 5-3 打折促销活动

图 5-4 店头橱窗

图 5-5 通透式橱窗

图 5-6 半通透式橱窗

图 5-7 封闭式橱窗

### 3. 橱窗设计的原则

橱窗设计常见的构成元素是模特、服装、道具、背景和灯光。橱窗作为服装店铺的重要组成部分，它不是独立存在的，为了让橱窗的陈列效果更好，橱窗设计应遵守如下设计原则。

（1）按消费者的浏览路线设计。橱窗位置是固定的，顾客是移动的，因此在橱窗设计时要充分考虑顾客行走的路线，如图 5-8 所示。橱窗呈现从远到近的视觉效果。如果是通透式或半通透式，还要考虑橱窗侧面各个角度的视觉效果。为了让远处的顾客能够被橱窗吸引，橱窗设计应特色鲜明，在夜晚光线比较阴暗的场所要加大橱窗的光照度。

（2）与店内陈列风格统一。橱窗是服装店铺的组成部分，陈列的风格应该与服装店铺整体相协调，如图 5-9 所示。比如中国风的服饰，如果配上欧式的橱窗设计，就会让顾客觉得不协调。

（3）橱窗道具的使用恰到好处。道具的使用是为了营造主题的意境，强化服装的风格，因此选用的道具时一定要符合场景要求，突出展示的重点，切不可喧宾夺主，如图 5-10 所示。另外，道具的选择要与展示风格统一，比如高端商务男装不应使用轻松活泼的场景布置。

图 5-8　按游览路线设计橱窗　　　　　　　　　图 5-9　风格统一

图 5-10　道具使用

（4）橱窗陈列更换周期。橱窗陈列更换周期应在一周或两周。可根据节日、季节、活动等设计相应主题的橱窗。如长时间不更换橱窗设计，会给顾客一种过时、陈旧、经营状况不好的感受。

## 三、学习任务小结

通过本次任务的学习，同学们已经初步了解了橱窗的分类和设计原则，课后同学们还要通过各种途径收集有关服装店铺橱窗设计的资料，并进行分类整理，找出优秀的橱窗设计案例，提高审美能力。

## 四、课后作业

以小组为单位收集有关服装店铺橱窗设计的图片，对案例进行要点分析。

学习任务

二

# 橱窗设计方法和设计方案的制定

## 教学目标

（1）专业能力：了解橱窗设计制定和设计案例的方法。

（2）社会能力：具备一定的橱窗设计能力。

（3）方法能力：具备资料收集能力、案例分析能力、语言表达能力及沟通协调能力。

## 学习目标

（1）知识目标：掌握橱窗设计的方法和设计方案制定的要点。

（2）技能目标：能对橱窗设计案例进行分类分析。

（3）素质目标：具备橱窗设计的审美能力。

## 教学建议

### 1. 教师活动

教师讲解橱窗设计的方法和制定设计方案的要求，并指导学生进行实训。

### 2. 学生活动

收集橱窗陈列设计案例并进行分类和分析，按要求制定橱窗设计方案。

# 一、学习问题导入

根据不同的服饰风格和场地要求，橱窗设计有不同的设计方法。本节任务主要以案例分析的形式，向同学们介绍几种常见的橱窗设计方法。

# 二、学习任务讲解

## 1. 橱窗设计方法

橱窗的设计方法是根据橱窗的种类和陈列目的来设定的。根据橱窗尺寸的不同，可以对橱窗进行不同的组合和构思。比如通透式橱窗视野更开阔，视觉效果更加敞亮，因此，通透性橱窗更适合组合型陈列；而封闭式橱窗有一定的局限性，比较适合营造场景和情感式的设计。根据陈列目的来划分，服装橱窗的设计方法大致可分为以下几种。

（1）场景式橱窗。将橱窗定义为一个画面，画面中设定一个场景，比如海滩度假、商务工作、客厅休闲等，如图 5-11 所示。

图 5-11　场景式橱窗

（2）主题式橱窗。以特定的服饰为中心，组织不同品类而又有关联的商品进行陈列，组成一个整体，从而细致、深刻地表现陈列主题。如 5-12 所示。

（3）系列式橱窗。利用同一色系或者同一主题的不同款式的服饰营造的系列感，一般用于比较简约的服装风格，如图 5-13 所示。

图 5-12　主题式橱窗

图 5-13　系列式橱窗

图 5-14　组合式橱窗

图 5-15 情感式橱窗

图 5-16 特写式橱窗

（4）组合式橱窗。将多品类服装及特点陈列在同一空间环境中组成一个完整的橱窗，传达总体印象，多用于综合类销售的服饰店，如图 5-14 所示。

（5）情感式橱窗。通过感性的方式陈列出具有情感氛围的商品，如图 5-15 所示。

（6）特写式橱窗。一般利用夸张的造型或夸大的型号制造强烈的对比，一方面传递信息、介绍商品；另一方面还能介绍生产厂家、品牌商标，加深消费者印象，扩大品牌影响力，如图 5-16 所示。

## 2. 橱窗方案设计

橱窗设计的前提是了解服装品牌和橱窗的硬件条件、环境设施，比如：橱窗是通透式还是封闭式？是否可以安装橱窗灯光？周围环境是否统一协调？预算成本多少？工期多少一份完整的橱窗设计方案需要具备以下元素。

（1）设计概念。

设计概念包括：服装品牌理念、陈列服装的主题和陈列道具的使用方法，如图 5-17 所示。

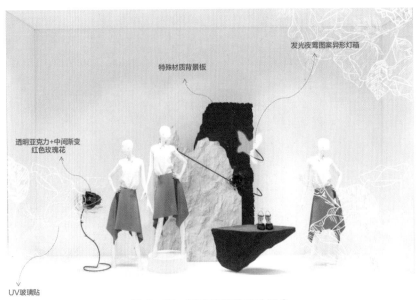

发光夜莺图案异形灯箱

特殊材质背景板

透明亚克力+中间渐变
红色玫瑰花

UV玻璃贴

图 5-17　某品牌品牌设计概念

（2）橱窗设计效果图。

将橱窗设计方案用三维立体的效果图形式表现出来，模拟橱窗展示的真实效果，如图 5-18 所示。

图 5-18　三维立体效果图

（3）成本预算。

（4）工期时长。

## 三、学习任务小结

通过本次任务的学习，同学们已经初步了解了服装店铺橱窗的设计方法和陈列方案设计的相关内容。课后，同学们还要通过各种途径收集有关服装店铺橱窗设计的资料，并进行分类整理，分析优秀的橱窗设计案例，提高审美能力。

## 四、课后作业

以小组为单位做一个女装品牌的橱窗设计方案。

# 项目六
# 男装陈列技巧

学习任务 一　男装陈列特点

## 教学目标

（1）专业能力：了解男装陈列的特点，掌握男装陈列技巧。

（2）社会能力：关注男装陈列设计，运用所学陈列知识进行不同类型男装陈列设计分析。

（3）方法能力：具备资料收集与整理能力、设计分析能力。

## 学习目标

（1）知识目标：理解男装陈列的特点。

（2）技能目标：能结合男装陈列特点进行男装陈列设计。

（3）素质目标：能进行男装陈列设计分析，提高男装陈列设计能力。

## 教学建议

### 1. 教师活动

（1）教师展示前期收集的能够表现男装陈列特点的图片和视频等资料，并运用多媒体课件、教学视频等多种教学手段，提高学生对男装陈列特点的直观认识。

（2）教师通过对男装陈列作品进行分析与讲解，让学生理解男装陈列的特点。

### 2. 学生活动

（1）分组选取能够体现男装陈列特点的案例进行分析，提升审美能力和表达能力。

（2）学以致用，分组交流和讨论，掌握男装陈列特点。

# 一、学习问题导入

今天我们来学习男装陈列的特点。男装陈列的特点是什么？在找到答案前，建议大家先对男性的着装特点、着装心理、消费心理做一个简单的了解，因为与男装陈列特点有着非常重要的关系。

# 二、学习任务讲解

男装陈列主要有以下 7 个方面的特点。

## 1. 品质要求高

男性对品质的要求更高，这是男装陈列需要考虑的第一大问题。店铺的品质感是通过营造良好的店铺陈列氛围来体现的。具有品质感的陈列主要通过商品陈列的整洁度、平衡感、陈列细节、产品熨烫以及陈列维护等来实现，如图 6-1 所示是某知名男装品牌的水台陈列，衣服熨烫得平整，叠放整齐，给人干净、整齐的感觉。

陈列的细节也非常重要。例如将一件正装衬衫和一件正装西服搭配在一起陈列时，要注意衬衫袖子不能比西服长太多，在 2cm 左右为宜，如图 6-2 所示。如果衣袖长出太多，看上去不整洁，也失去了正装端庄、正式的特点。店铺中陈列的服装随时会被消费者拿取或试穿，店员应及时对服装进行整理。

图 6-1　品质感陈列细节　　　　图 6-2　西装衬衣搭配袖子陈列细节

## 2. 色彩营销陈列

男装的款式和色彩没有女装丰富，因此，更需要通过色彩营销的陈列设计来改变男装单调的色彩感或灰暗感，以增加店铺的活力。对色彩的明暗、强弱、比例、流行色等的设计，可让店铺看起来更有层次感和节奏感。具体来说，男装色彩搭配有以下几个特点。

（1）色彩协调陈列。色系统一、和谐的陈列具有整体感，按同一色系进行陈列显得协调且统一，在商务、休闲的男装品牌中运用较多。偏黑、偏灰、偏蓝的同一色系陈列，不仅能让区域的陈列达到和谐统一的效果，还能让喜欢这一色系的顾客快速找到合适的产品，如图 6-3 所示。

（2）色彩对比陈列。运用色彩的对比设计可以让店铺显得活泼、欢快，一般多运用在运动、休闲的男装品牌中。在沉闷的黑色中添加一些鲜艳的有彩色，让这个区域的陈列显得更具活力，能抓住年轻消费者的心理，如图6-4所示。

（3）中性色系陈列。中性色系陈列是男装陈列中运用最多的色彩陈列方式，显得大气、沉稳。一般多用在男性正装品牌中，如图6-5所示。

### 3. 设计要点突出

男装和女装在设计要点上有很大区别，女装的设计要点主要在外轮廓和款式色彩设计上，并且款式多，店内服装大多为侧挂，女性消费者习惯一件一件地挑选服装，而男装外形款式变化不大，多为T形或H形，主要变化集中在款式细节、衬布结构、配色、面料、局部流行色等，如图6-6所示。男性消费者习惯整体感受服装陈列的效果。因此，这些设计需要通过陈列生动而巧妙地展示出来，以体现产品设计的新颖性和时尚感，也方便男性消费者进行挑选。

图6-3　色彩协调陈列　　　　　　　　　　图6-4　色彩对比陈列

图6-5　中性色系陈列　　　　　　　　　图6-6　设计要点突出

### 4. 连带陈列

连带陈列是以男性消费者的消费特点为出发点进行的一种陈列，是一种能提升客单价、促进销售的陈列方式。男性消费者更注重效率，希望能一次性地购买自己想要的货品，或者在导购的指引下一次性购买成套服装和饰品。因此，可以将男士的衬衫、外套、长裤、皮带、皮鞋、墨镜、帽子放在行李箱中一起陈列，如图6-7所示。这样不但起到很好的整体视觉效果，而且通过旅行场景的烘托，很快能让消费者想起还有什么购买需求，顾客看到的不仅是服装，而且也是一种穿着方式，从而引导连带消费。

### 5. 生活方式陈列

生活方式陈列是男装陈列时需要考虑的一个重要因素。在现今这个高效而又快节奏的社会环境中，男性更加注重健康、环保、休闲。为满足男性不同场所的着装要求，生活方式陈列设计应运而生。这种陈列能够让男性对所展示的生活方式产生认同感，如图6-8所示。

### 6. 模特陈列

将服装、饰品进行精心搭配后穿在模特身上，是带给消费者直观体验的一种陈列方式，如图6-9所示。当受众看到模特展示的服装后，首先会联想到自己穿着这些服装后的形象，并且在试穿后，经常会将模特穿着的感觉强加在自己的身上，形成一种趋同的心理反应，从而激起购买欲望。

实践表明，穿在模特身上的服装往往比其他产品销量高，当然在模特展示陈列时尽量要展示店铺中当时主推的产品或有库存的服装，如果展示单件服装的话，即使消费者喜欢，也达不到带动产品销售的目的。

图6-7　连带陈列　　　　　　图6-8　生活方式陈列　　　　　图6-9　模特陈列

### 7. 变换陈列

男装款式没有女装多，每一季款式变化也不是很大。男装按春夏、秋冬两季来开发，上柜的时间相对比较集中，到了季末几乎很少有新品上柜。因此，为了让店铺内一直保持新鲜感，最好一两周就能按照库存及主推商品来更新店铺陈列。这种变换陈列技巧能让消费者产生视觉上的新颖感，从而激起消费者的好奇心。

## 三、学习任务小结

通过本次任务的学习，同学们已经初步了解了男装陈列的特点以及陈列技巧。通过男装陈列案例的分析，同学们理解了不同类型的男装陈列方法。课后，大家可以到大型商业中心的男装品牌店参观，积累男装陈列经验。

## 四、课后作业

收集20份男装陈列资料，并制作成PPT分享。

# 男士正装陈列

## 教学目标

（1）专业能力：了解男士正装陈列的基本知识。

（2）社会能力：关注男士正装消费者的生活、工作环境。

（3）方法能力：具备资料收集与整理能力、设计分析能力。

## 学习目标

（1）知识目标：理解男士正装陈列的特点、方法和技巧。

（2）技能目标：能举一反三地进行男士正装陈列设计。

（3）素质目标：能够明确、清晰地进行男士正装陈列设计分析，提高运用男士正装陈列技法进行创作的能力。

## 教学建议

### 1. 教师活动

（1）教师展示能够表现男士正装陈列的图片和视频等资料，并运用多媒体课件、教学视频等多种教学手段，提高学生对男士正装陈列特点的直观认识。

（2）教师通过对男士正装陈列分析与讲解，让学生能理解男士正装陈列的表现方法。

### 2. 学生活动

（1）分组选取男士正装陈列案例进行分析。

（2）学以致用，分组交流和讨论，完成男士正装陈列设计作业。

# 一、学习问题导入

今天我们一起来学习男士正装陈列的内容。一谈到正装，很多同学可能都会想到西服、西裤、领带、衬衣等，其实远不止这些。就如前面我们讲的一样，在做陈列之前，我们一定要对消费者进行全面的分析，所以建议大家在开始学习前，先对商务男士的生活环境、工作环境、出入场所、着装特点、着装心理、消费心理做一个简单的了解。

# 二、学习任务讲解

男士正装是商务男士的日常着装，常用于办公场合和商务性场合，这些场合需要商务男士保持着装得体。因此，在选购服装时，商务男士会对品质、得体性及面料的舒适感有较高要求。男士正装的商品陈列设计应以追求高品质感和舒适感为目的。

## 1. 模特

在选择男士正装模特时，会注重质感和局部特征变化，模特的形象相对内敛、拘谨、正式。同时，多使用完整的、造型稳重的模特，不使用夸张造型的模特，发型和肤色选择相对常规的颜色，模特整体凸显睿智、稳重的形象，如图 6-10 所示。

## 2. 陈列柜

男士正装强调品质及价值感，通常采用陈列柜来陈列服装，如图 6-11 所示。采用经典的柜式陈列，符合男士正装的高贵气质。商品摆放在陈列柜中比放置在陈列杆上更具有仪式感。同时，陈列柜的色彩往往选择比较稳重、内敛的色彩，如深咖啡色、深棕色、原木色等。

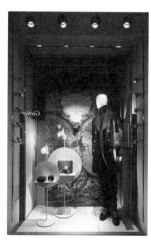

图 6-10　男士正装模特　　　　　图 6-11　男士正装陈列柜

## 3. 组合陈列

男士正装的款式变化较少，使用品类分类法进行陈列会显得过于和单调，因此往往通过系列产品的组合陈列来突出其特点。例如在西服柜中穿插裤子、衬衣，在羊毛衫的柜子中穿插衬衣，不仅使服装形成搭配感，也可以在服装材质上形成对比。这种陈列方式不仅可以形成一个鲜明的品类主题，同时也可以进行搭配陈列，丰富视觉效果，带动销量，如图 6-12 所示。

## 4. 分区域陈列

由于男士正装的品类较多，为了方便顾客购买，在进行陈列之前，通常要对店铺进行分区规划，一般会分为以下几个区域。

（1）正装区。本区域主要陈列偏商务型的服装，包括风格比较正式的西服、西裤、衬衣、领带等。这个区域一般通过一些商务场景，如办公桌、沙发、书房等的布置来烘托场景，营造氛围，如图6-13所示。

（2）休闲区。这个区域陈列休闲、舒适的西服、衬衫，其色彩相对更加丰富，款式更加新颖、个性，如图6-14所示。

（3）配饰区。这个区域主要陈列帽子、围巾、皮包、鞋等，如图6-15所示。

图6-12　男士正装组合陈列　　　　图6-13　正装区陈列

图6-14　休闲区陈列　　　　图6-15　配饰区陈列

## 三、学习任务小结

通过本次任务的学习，同学们已经初步了解了男士正装陈列的方法和技巧及要求。课后，同学们要到大型商业中心的男士正装品牌店参观，积累男士正装陈列经验。

## 四、课后作业

收集20份男士正装陈列资料，并制作成PPT分享。

学习任务

三

# 男士休闲装陈列

## 教学目标

（1）专业能力：了解男士休闲装陈列的基本知识。

（2）社会能力：关注男士休闲装消费者的生活环境、工作环境。

（3）方法能力：具备资料收集与整理能力、设计分析能力。

## 学习目标

（1）知识目标：理解男士休闲装陈列特点和方法。

（2）技能目标：能根据男士休闲装陈列的特点进行男士休闲装陈列设计。

（3）素质目标：能够明确、清晰地进行男士休闲装陈列设计分析，提高运用男士休闲装陈列技法进行创作的能力。

## 教学建议

### 1. 教师活动

（1）教师展示前期收集的能够表现男士休闲装陈列特点的图片和视频等资料，并运用多媒体课件、教学视频等多种教学手段，提高学生对男士休闲装陈列的直观认识。

（2）教师通过对男士休闲装陈列的分析与讲解，让学生理解男士休闲装陈列的表现方法。

### 2. 学生活动

（1）分组选取能够体现男士休闲装陈列不同特点的案例进行分析。

（2）学以致用，分组交流和讨论，完成男士休闲装陈列设计作业。

## 一、学习问题导入

今天我们一起来学习男士休闲装陈列的特点和方法。男士休闲装常见的有 T 恤、针织衫、夹克、休闲外套等，其特点是轻松、自然。男士休闲装的陈列需要营造宽松、休闲、自由的场景。

## 二、学习任务讲解

男士休闲装的产品类型相对丰富，以自然舒适风格、运动风格为主的店铺着重体现轻松、随意的销售氛围。男士休闲装的产品分为上装、下装和配饰。上装包括休闲长袖（短袖）衬衫、长袖（短袖）T 恤、针织衫、夹克、休闲外套、棉袄等；下装包括休闲长裤、中裤、短裤等；配饰包括皮带、包、鞋、围巾、手套、帽子等。

休闲装品牌通常采用比较活泼的人模，也可以采用生活化的场景来烘托空间氛围，如图 6-16 所示，场景设计中以一群年轻人出海航行为主题，表现出年轻人向往自由、无拘无束的生活状态。

依据品牌风格的特点，男士休闲装店铺的设计风格比正装卖场显得轻松、活泼、随性，很少采用陈列柜，而是采用容易体现休闲氛围的陈列杆或陈列架。男士休闲装陈列道具的特点如下。

### 1. 陈列杆和组件灵活的陈列架

男士休闲装店铺着重体现轻松、随意的销售氛围。陈列杆和陈列架多选择不锈钢或铁质材料，色彩以银灰色、深灰色为主。例如时尚前卫风格的休闲品牌多选用铁质陈列杆和陈列架，颜色常用黑色、红色等或能充分吸引注意力的夸张色彩。由于休闲装店铺商品的容量较大，以陈列杆和陈列架为主要载体，悬挂式展示商品才可以最大限度地利用空间，还可以根据商品的变化灵活摆放商品，如图 6-17 所示。

图 6-16　男士休闲装人模

图 6-17　利用陈列杆及陈列架陈列休闲男装

（1）陈列板。

设计轻松精巧的陈列板可以以叠放方式展示衬衫、针织衫、T 恤、饰品等。

（2）人模。

男士休闲装一般采用气质比较活泼、造型比较夸张的人模。强调自然、舒适风格的品牌多选择常规人模，而运动、时尚、前卫风格的品牌多选择夸张、具有个性的人模，肤色、发型都别出心裁，甚至通过真人模特来展示产品特点，如图 6-18 所示。

（3）陈列柜。

考虑休闲装轻松、随意的特点，有些店铺陈列柜会采用磨砂玻璃或浅色调的木质材料，在实际应用时，少量使用陈列柜。

（4）橱窗陈列。

为了表现休闲装的主题，经常会在橱窗内采用焦点陈列法。焦点陈列法利用视觉焦点效应，突出陈列重点，引起视觉瞩目。例如采用大幅广告明星的照片做背景，搭配一些实物陈列，通过灯光的照射让被照射的商品特别明显，吸引顾客的注意，如图 6-19 所示，这个陈列就是运用这个手法，通过"怪物史瑞可"的海报吸引消费者，再通过灯光照射在这个主题的服装上，从而引起顾客对这一系列服装产生兴趣。

图 6-18　真人模特展示

图 6-19　休闲男装焦点陈列

## 三、学习任务小结

通过本次任务的学习，同学们已经初步了解了男士休闲装陈列的特点，并能够运用这些特点对男士休闲装陈列进行分析和设计。同学们初步掌握了男装休闲装陈列场景的布置技巧。课后，同学们要到大型商业中心的男士休闲装品牌店参观，积累男装陈列经验。

## 四、课后作业

收集 20 份男士休闲装陈列资料，并制作成 PPT 进行分享。

学习任务 四

# 男装橱窗陈列设计

## 教学目标

（1）专业能力：了解男装橱窗陈列设计的要点和方法。

（2）社会能力：关注男士消费者的思维特点并进行分析。

（3）方法能力：具备资料收集与整理能力、设计创意能力。

## 学习目标

（1）知识目标：理解男装橱窗陈列设计的基本知识。

（2）技能目标：能结合男装品牌特色进行男装橱窗陈列设计。

（3）素质目标：能够明确、清晰地进行男装橱窗陈列设计分析，提高男装橱窗陈列设计能力。

## 教学建议

### 1. 教师活动

（1）教师展示前期收集的能够表达男装橱窗陈列设计的图片和视频等资料，并运用多媒体课件、教学视频等多种教学手段，提高学生对男装橱窗陈列设计的直观认识。

（2）教师通过对男装橱窗陈列设计作品分析与讲解，让学生能理解男装橱窗陈列设计的方法和技巧。

### 2. 学生活动

（1）分组选取能够体现男装橱窗陈列设计特点的案例进行分析讲解，提升审美能力和设计分析能力。

（2）学以致用，分组交流和讨论，完成男士橱窗陈列设计作业。

# 一、学习问题导入

无论是逛街购物还是在街头漫步，我们都会不经意地留意到沿街商铺，明亮的落地橱窗里陈列着各类商品，如果精美的橱窗里陈列着令人心动的商品时，我们往往会情不自禁地要进店看一看。橱窗是服装店向顾客传达服装信息、展示服装样品的展示空间，其释放的服装商品信息可以吸引顾客。橱窗展示富有代表性的服装，能够直观地反映服装的特色，展现服装品牌的文化和设计理念。

# 二、学习任务讲解

## 1. 男装橱窗设计要点

（1）顾客的行走路线。

橱窗是静止的，但顾客是运动的。因此，橱窗设计不仅应考虑顾客静止的观赏角度和最佳视线高度，而且要考虑由远到近的视觉效果。为了在较远的地方能看到橱窗的效果，不仅要在橱窗创意上做到与众不同，还需要晚上通过提高橱窗的亮度来吸引顾客，如图 6-20 所示。同时，顾客一般靠右行走，我们也要考虑顾客侧向通过橱窗时所看到的效果。

（2）展示主题与风格。

一个品牌橱窗在整条街上只占很小的一部分，顾客在橱窗前就停留几秒钟，只有主题鲜明才能吸引消费者。男装橱窗设计要重点体现男士沉稳的个性、豪迈的气度和深沉的品位，其设计风格要简洁、干练，如图 6-21 所示。

## 2. 男装橱窗陈列展示方法

（1）稳健陈列法。

这种方法在男装橱窗陈列中是基本的陈列方法，更多地运用在店铺内的模特陈列上，用于区别和突出男性的性别特点，如图 6-22 所示。

图 6-20　橱窗夜间陈列

图 6-21　主题陈列

图 6-22　稳健陈列法

（2）抽象陈列法。

抽象陈列法结合男士配饰道具，运用抽象元素的组合进行陈列。这些道具与配饰能够体现品牌的设计理念，形成品牌文化，如图6-23所示。

（3）道具结合法。

这种方法在男士正装的橱窗陈列中较为常见，需要搭配能够凸显男士身份的道具，例如墨镜、帽子、领带、皮鞋、皮带等，展现成功男士的品位和内涵，如图6-24所示。

图6-23　抽象陈列法　　　　　　　　　　　　图6-24　道具结合法

（4）简约风格陈列法。

在简约中体现男性的风度与阳刚之气，不需要太复杂的道具，只用简单的模特和灯光就可以。简约风格陈列法对色彩和灯光的要求较高，在造型上比较整齐划一。例如某男装品牌的橱窗陈列，只有简约的黑色和红色，使得橱窗设计效果协调、统一，如图6-25所示。

（5）生活行为陈列法。

生活行为陈列法将男性的生活行为运用到橱窗展示陈列中，不但能够充分体现男装的特点，而且是品牌设计风格自我表达的重要方法。生活行为陈列法需要将橱窗的空间进行生活化的装饰，灯光和道具较多，目的是真实体现男装的生活化特性。例如某男装品牌橱窗陈列设计将冲浪板和身穿休闲服饰的模特组合展示，给人一种在海边冲浪的代入感，如图6-26所示。

（6）吸引目光陈列法。

店铺为了迅速吸引消费者，可以在橱窗中通过重复陈列的方式来进行展示，如图6-27所示。

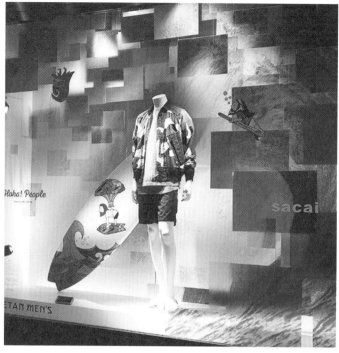

图 6-25 简约风格陈列法　　　　　图 6-26 生活行为展示法

图 6-27　吸引目光陈列法

## 三、学习任务小结

通过本次任务的学习，同学们已经初步了解了男装橱窗陈列设计的要点和展示方法。通过相关设计案例的分析，同学们理解了男装橱窗陈列设计的方法和技巧。课后，大家可以到大型商业街区的男装橱窗参观，积累男装陈列经验。

## 四、课后作业

收集 20 份男装橱窗陈列设计资料，并制作成 PPT 分享。

# 项目七
# 女装陈列技巧

学习任务 一

# 女装陈列原则和出样方法

## 教学目标

（1）专业能力：了解女装陈列原则和出样方法。

（2）社会能力：关注女装流行趋势，能运用陈列技巧进行女装出样设计。

（3）方法能力：具备资料收集与整理能力，典型案例分析能力，创意设计能力。

## 学习目标

（1）知识目标：掌握女装陈列的一般原则和出样方法。

（2）技能目标：能运用女装出样的方法进行出样设计。

（3）素质目标：根据学习要求收集、分析和整理信息，并进行沟通和表达。

## 教学建议

### 1. 教师活动

（1）教师展示前期收集的各种女装造型图片和视频等资料，并运用多媒体课件、教学视频等多种教学手段，提高学生对女装店铺陈列的直观认识。

（2）教师通过对女装店铺陈列设计进行分析、讲解、让学生能理解女装陈列的原则和出样的方法。

### 2. 学生活动

（1）分组选取不同女装店铺陈列的案例并分析，提升审美能力和表达能力。

（2）学以致用，分组交流和讨论，完成女装出样设计作业。

# 一、学习问题导入

今天我们一起来学习女装陈列原则和出样方法。女装品牌良好社会形象的塑造，离不开专业的陈列技巧。适宜的女装陈列不仅可以刺激顾客的购买欲，还可以将女装特有的商品信息直观地表现出来，有效地提高顾客的进店率。女装陈列对提升企业形象和品牌知名度也有很大帮助，如图7-1所示。

# 二、学习任务讲解

## 1. 女装陈列原则

（1）陈列要使商品醒目。

为了引起消费者的注意，提升消费者购物的体验，终端市场应该根据女装造型设计的特点来选择女装展示部位，根据女装的设计理念来选择服装的展示空间，根据女装的系列和上货时间进行统一的分区展示。服装陈列的高度和角度要符合顾客的购物习惯，便于顾客进入店铺后找到喜欢的服装，便于取货和试衣。

（2）陈列要丰富，要有层次感。

消费者在进入一家女装店铺时，搭配性强的女装和整洁、富有格调的陈列环境都对顾客有着极大的吸引力。同时，尽可能将所有女装款式陈列齐全，为客人提供搭配方案，提高购物的连带率。女装货架上的商品应随时补充，避免消费者因为尺码不全而失去购买的欲望。

（3）陈列要突出设计感。

不仅女装自身要展现设计美感，女装的陈设也要迎合流行趋势。女装的陈列要有时尚感，让顾客能够清晰地从女装陈列中了解到品牌的设计理念，获取时尚信息。女装店铺的陈列应与品牌的企业文化保持连贯性和统一性，使店铺陈列具有独特的个性和风格。

女装店铺陈列实例如图7-2～图7-6所示。

图7-1 女装店铺陈列　　　图7-2 女装店铺陈列实例1　图7-3 女装店铺陈列实例2

## 2. 女装陈列出样设计

女装陈列出样是陈列设计师经过科学规划和精心布置的陈列方式，用视觉的语言来吸引顾客的目光，刺激顾客购买。女装中最常见的出样基本形态有正挂出样陈列、侧挂出样陈列、折叠出样陈列、人模出样陈列和组合出样陈列等。

图 7-4　女装店铺陈列实例 3　　　图 7-5　女装店铺陈列实例 4　　　图 7-6　女装店铺陈列实例 5

（1）正挂出样陈列。

正挂出样陈列就是将女装以正面进行展示的一种陈列形式，其能进行上装、下装和饰品的组合搭配展示，将商品的款式、色彩、面料、廓形、风格和卖点全面地展示出来，吸引顾客购买。正挂出样陈列由于取放比较方便，也可以作为样衣进行试衣。正挂陈列兼顾侧挂陈列和人模陈列的优点，又克服了侧挂陈列不能充分展示服装细节、人模陈列容易受场地限制的缺点，是目前服装店铺的重要陈列方式之一，正挂出样实例如图 7-7 和图 7-8 所示。

图 7-7　正挂出样实例 1　　　　　图 7-8　正挂出样实例 2

（2）侧挂出样陈列。

侧挂出样陈列是将服装以侧面进行展示的一种陈列形式，方便顾客进行类比。这种陈列方式可以减小空间占用面积，提高存储货物的利用率，同时使女装整理简单，取放便捷。侧挂陈列的缺点是不能直接展示女装的细节。顾客一般只能看到女装的侧面，只有当顾客从货架上取出衣服后，才能看清女装的整体面貌，因此侧挂陈列一般要和人模出样、正挂陈列相结合，侧挂出样实例如图 7-9 和图 7-10 所示。

图 7-9　侧挂出样　　　　图 7-10　侧挂出样
　　　实例 1　　　　　　　　　　实例 2

（3）折叠出样陈列。

折叠出样陈列就是将女装用折叠形式进行展示的一种陈列方式。叠装出样陈列的特点是充分利用了店铺空间，提供了一定的货品储备。这种出样陈列不仅可以展示服装部分效果，还能制造强烈的视觉冲击力。折叠出样陈列在休闲装卖场中应用较多，如图 7-11 和图 7-12 所示。

（4）人模出样陈列。

人模出样陈列就是把服装穿在人模上的一种展示形式，如图 7-13 ~ 图 7-15 所示。人模的造型比较多，从风格上分为写实和写意两种，前者比较接近真人，后者比较抽象；从形体上分为全身人模、半身人模以及用于展示帽子、手套、袜子等服饰品的局部人模等。通常女装店铺里使用人模出样陈列的服装往往是主推款、热卖款或最能体现主题风格的服装。

图 7-11　折叠出样实例 1　　　　　图 7-12　折叠出样实例 2

图 7-13　人模出样实例

图 7-14　局部人模出样实例 1　　　　图 7-15　局部人模出样实例 2

（5）组合出样陈列。

组合出样陈列就是将以上的陈列方式进行组合搭配的陈列方法，这也是女装店铺中普遍运用的一种出样方式。组合出样可以使陈列形式富有变化，更加丰富多彩，如图 7-16 和图 7-17 所示。

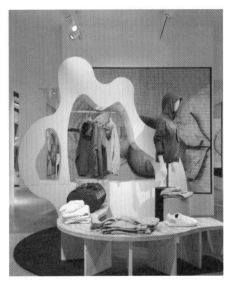

图 7-16　组合出样实例 1　　　　图 7-17　组合出样实例 2

## 三、学习任务小结

通过本次任务的学习，同学们已经初步了解了女装陈列的原则，以及女装出样设计的方法。同学们课后还要通过实践逐步提高女装出样设计能力。

## 四、课后作业

以小组为单位，使用陈列原则和出样知识，完成女装展厅一个系列的出样设计。

学习任务

二

# 女装橱窗陈列设计

## 教学目标

（1）专业能力：掌握归纳女装橱窗陈列设计的方法。

（2）社会能力：关注女装流行趋势，能运用女装橱窗陈列设计的方法提高品牌的竞争力。

（3）方法能力：具备资料收集与整理的能力、典型案例分析的能力、创意设计的能力。

## 学习目标

（1）知识目标：掌握女装橱窗陈列设计的方法。

（2）技能目标：能运用女装橱窗的构成方法进行出样设计。

（3）素质目标：根据学习要求收集、分析和整理信息，并与同学进行沟通。

## 教学建议

### 1. 教师活动

（1）教师展示前期收集的各种女装橱窗陈列设计图片和视频等资料，并运用多媒体课件、教学视频等多种教学手段，提高学生对橱窗陈列设计的直观认识。

（2）教师通过对女装橱窗陈列的分析与讲解，让学生理解女装橱窗陈列设计的方法。

### 2. 学生活动

（1）分组选取不同的店铺女装橱窗陈列设计的案例进行分析讲解，提升审美能力和表达能力。

（2）学以致用，分组交流和讨论，完成女装橱窗模型的设计。

## 一、学习问题导入

今天我们一起来学习女装橱窗陈列设计。橱窗陈列在女装陈列空间中较为突出，是展示服装品牌形象、介绍商品的直观形式。成功的橱窗设计可以彰显品牌的文化、风格与定位，明确商品的消费属性。好的女装橱窗设计，可引导顾客进店浏览、购买，使顾客成为品牌忠实的追随者，如图 7-18 所示。

## 二、学习任务讲解

好的橱窗陈列设计能够吸引顾客并促成交易。女装橱窗陈列设计包含以下几种构图形式。

### 1. 等腰三角形构图

等腰三角形构图是指人模展示是左右对称的，具有完全的均衡和稳定感，使服装给人安定和高格调的感觉，如图 7-19 所示。

图 7-18　女装橱窗陈列实例　　　　　　　　　　图 7-19　等腰三角橱窗陈列

### 2. 倒三角形构图

倒三角形构图是指人模展示呈现倒三角形结构，这种形式夸张并且具有刺激性，虽然视觉上具有不安全感，但是情节演示设计合情合理，消费者能从容接受，如图 7-20 所示。

### 3. 斜三角形构图

斜三角形构图是指人模展示产生斜线的动感和流线感，较长一边的陈列能吸引消费者的目光，并且引导消费者的目光，使其目光移动。这种形式适合主题式、系列式的服装展示，如图 7-21 所示。

### 4. 其他构图方法

其他的构图方法有直线型构图（图 7-22）、多人模展示构图（图 7-23）、对称型构图。

图 7-20　倒三角形构图

图 7-21　斜三角形构图

图 7-22　直线型构图

图 7-23　多人模展示构图

## 三、学习任务小结

通过本次任务的学习，同学们已经初步了解了女装橱窗陈列构图，能够正确规范地完成女装橱窗设计以及制作橱窗模型。同学们课后还要通过学习和市场调研，逐步提高女装橱窗陈列的设计能力。

## 四、课后作业

以小组为单位，使用所学橱窗陈列的知识，设计完成女装橱窗模型。

# 项目八
# 童装陈列技巧

学习任务一　童装陈列原则
学习任务二　童装橱窗陈列设计

# 童装陈列原则

## 教学目标

（1）专业能力：认识童装陈列的基本概念，并能根据童装陈列原则分析童装陈列案例。

（2）社会能力：能从陈列角度分析品牌童装陈列设计技巧。

（3）方法能力：具备资料收集、整理和分析能力。

## 学习目标

（1）知识目标：掌握童装陈列的原则。

（2）技能目标：能够从陈列设计案例中分析童装陈列原则。

（3）素质目标：能够研究、探索童装陈列原则，培养对陈列美感的敏感度，提高自己的综合审美能力。

## 教学建议

### 1. 教师活动

（1）教师通过童装陈列案例的分析讲解，提高学生对童装陈列的直观认识。同时，收集各类别童装陈列案例进行展示，提高学生的艺术审美能力。

（2）引导学生发掘童装陈列方法和技巧，培养独立思考和创新能力。

### 2. 学生活动

（1）选取童装陈列设计案例进行分析，完成虚拟童装陈列图，并现场展示和解说，训练表达能力和审美能力。

（2）收集日常童装品牌的陈列图片，并整理成形成资料库。

## 一、学习问题导入

各位同学，今天我们一起来学习童装陈列原则。之前我们已经学习了男装陈列与女装陈列的相关知识，那么童装陈列有什么原则呢？如图 8-1 和图 8-2 所示，大家分析并罗列出童装陈列的原则。

图 8-1 童装陈列 1

图 8-2 童装陈列 2

## 二、学习任务讲解

童装陈列要遵循以下原则。

（1）色彩搭配合理原则。

色彩是童装的第一视觉要素，越是纯度高、亮度高、饱和度大的色彩对视觉的刺激越强，也越容易引起儿童的注意。澳大利亚心理学家维尔纳的实验证明：儿童，特别是学龄前儿童，对于事物的认识、辨别和选择多是根据对视觉有强烈感染力的色彩进行的。可见色彩在儿童的视觉引导以及心理注意上的重要性。

童装陈列色彩搭配要合理、得体，与儿童的年龄与喜好相吻合，同时还要注意全身的色彩搭配要一致，使整体呈现和谐效果。概括来说，童装陈列色彩搭配包括两大类，一种是协调色搭配，另一种是对比色搭配。

①调色搭配分为两种方式：同类色搭配和近似色搭配。同类色搭配是指把同一色调的童装陈列在一起，在视觉上形成舒适、协调的感觉；近似色搭配是指将两个比较接近的颜色进行搭配，例如黄色与橙色搭配、红色与橙色搭配等。协调色搭配如图 8-3 所示。

②对比色搭配是指将两种具有对比效果的色彩进行搭配（图 8-4）。环上相距 120°～180°之间的两种颜色，称为对比色。对比色搭配包括色相对比、明度对比、纯度对比、冷暖对比、补色对比等。可以将两种色调的服饰陈列在同一货架或悬挂墙上，例如冷暖色交替搭配，用暖色来烘托冷色。要注意两种色调不要均分，以免让人觉得呆板、无趣，建议可用占比 30% 与 70% 进行交替搭配。

图 8-3 协调色搭配

图 8-4 对比色搭配

（2）与年龄和功能挂钩的原则。

童装按照年龄段可以分为婴儿装、幼儿装、儿童装、少年装。婴儿装是指 36 个月以下的婴儿所穿的服装；幼儿装是指 2～5 岁的幼儿所穿的服装（图 8-5）；儿童装是指 6～11 岁的儿童所穿的服装；少年装是指 12～16 岁少年所穿的服装。不同年龄段的儿童的喜好和心智不一样，童装陈列不能千篇一律，要观察与了解不同年龄段儿童的特性并做分析，按年龄段来陈列童装。

童装按用途可分为内衣和外衣。内衣紧贴人体，起护体、保暖、整形的作用，例如贴身衣裤、睡衣、睡裤等。外衣则根据穿着场所不同，品种类别较多。外衣根据不同场合分为运动服、礼服（图 8-6）、休闲服、校服、防风衣等。另外，童装按照面料以及工艺制作可分为中式童装、西式童装、毛皮童装、针织童装、呢绒童装等。童装陈列要与年龄和功能相符，营造特定的场景来展示不同年龄段和不同功能类别的童，如图 8-7 所示。

图 8-5　幼儿装陈列

图 8-6　礼服类童装陈列

图 8-7　童装陈列

（3）人性化设计与营造氛围感的原则。

童装陈列与成人服装陈列最大的不同在于人性化设计与氛围感营造。除了设计、工艺外，童装陈列另一个独特之处在于童装的消费群体。童装销售的对象不仅是儿童，还有儿童的父母。也就是说，童装陈列既要迎合掌握购买权的父母的喜好，又要讨得儿童的喜爱。童装有自己的产品特点及销售方式，因此在店面陈列、营销手段上与成人服装有很大区别。

童装陈列首先要进行人性化设计。童装货架设置的高度相对成人服装要矮一些，便于儿童挑选。货架设置得较为低矮，壁面上方就会空出很多位置，这时可以设置一些模特人台、POP 广告、玩偶等来吸引顾客，让店铺更有设计感。

其次要营造氛围感。童装店铺里常见的氛围道具包括各类迎合主题的小动物玩偶、玩具、配饰花束等。道具可以让店铺氛围变得更加轻松、愉快，让儿童能融入其中，在店铺停留更长时间，提升购买率。氛围道具如图 8-8 和图 8-9 所示。

图 8-8  氛围道具 1　　　　　　　　　　　　　图 8-9  氛围道具 2

童装店铺除了在陈列设计上吸引儿童外，更重要是要在情感上获得儿童和父母的认同，让消费者产生良好的心理感受和购物体验。从心理学的角度来看，儿童往往在玩耍中认识和接受新鲜的事物，在服装上也不例外，因此，在童装卖场的设计更需要设置儿童玩耍的区域。现在很多童装品牌的卖场都增加了游玩区，让儿童购物在充满乐趣的过程中进行，也保证了家长们有充足的时间去挑选商品。

## 三、学习任务小结

通过本次任务学习，同学们已经初步了解了童装陈列的原则，加深了对童装陈列的次理解。课后，大家需要认真整理课堂笔记，完成童装陈列设计的思维导图。

## 四、课后作业

每位同学收集 20 幅童装陈列设计作品，并制作成 PPT 分享。

学习任务 二　童装橱窗陈列设计

## 教学目标

（1）专业能力：了解童装橱窗陈列设计的基本要领，能进行童装橱窗设计。

（2）社会能力：关注日常生活中各种童装橱窗陈列设计的类型与特点，收集各种不同风格的童装橱窗陈列设计的案例。

（3）方法能力：具备资料收集、整理归类能力，设计方案分析、编写及运用能力。

## 学习目标

（1）知识目标：掌握童装橱窗陈列设计特点以及方法和技巧。

（2）技能目标：能根据童装橱窗陈列设计特点进行童装橱窗设计。

（3）素质目标：能进行童装橱窗陈列设计分析，提高童装橱窗陈列设计创作能力。

## 教学建议

**1. 教师活动**

（1）教师展示前期收集的童装橱窗陈列设计图片和视频资料，并运用多媒体课件、教学视频等多种教学手段，提高学生对童装橱窗陈列设计的直观认识。

（2）教师通过对童装橱窗陈列设计作品分析与讲解，让学生理解童装橱窗陈列设计的表现方法。

**2. 学生活动**

学生分组进行现场展示和讲解，训练学生的语言表达能力和沟通能力。

# 一、学习问题导入

童装橱窗是童装店铺展示产品的重要区域，是宣传童装品牌和文化的一个窗口，能够快速地向消费者传递商品信息。成功的童装橱窗陈列设计通过巧妙的陈列布置，让消费者产生兴趣，勾起购买欲。

# 二、学习任务讲解

## 1. 童装橱窗设计要点

（1）橱窗高度设计。

橱窗高度的设计要符合儿童身高的特点。不同年龄段的儿童身高不同，店铺需要根据童装品牌的主要目标群体来设定橱窗高度，儿童的身高、视线高度以及最佳视角都是设计童装橱窗需要考虑的因素。

（2）童装主题。

橱窗中的童装应尽量挑选当季最新款式，并选择颜色跳跃、亮丽的童装主打款式进行展示。童装橱窗陈列可以根据节日主题、季节变化定期更换。

（3）背景塑造。

根据品牌风格和设计理念，童装橱窗会采用不同的构成元素。童装橱窗基本的构成要素包括童模、服装、道具、背景、灯光等。背景可采用不同的材质，例如塑料、纸艺、布艺等。背景色彩要突出童装，因为童装的颜色一般较为鲜艳，所以背景的颜色可以采用明度和纯度较低的色彩，如图 8-10 所示。

图 8-10　背景塑造

童装橱窗背景主要有两种设计形式，即主题背景和特写背景。主题背景针对儿童的特点可采用色彩明亮的玩具配合童话故事、动画情节作为背景的主题，让整个空间充满童趣。例如结合某一特定节日或事件，集中陈列适销的童装，或者根据商品的用途，在一个特定环境中陈列童装。特写背景采用烘托对比的手法，突出宣传一种热销款童装。例如推出某季新款童装时，采用特殊陈列的形式，利用重点光源照射或前后层次关系突出童装效果。橱窗背景设计可以反映童装品牌的个性、风格和文化。

（4）灯光设计。

灯光是童装橱窗展示的灵魂，能起到画龙点睛的作用。灯光可以用来营造氛围，提高童装陈列的效果。童装橱窗内的灯光亮度不能太强，光线要尽量柔和与隐蔽，避免直射产生眩光。童装橱窗的灯光常常集中照射在背景和模特身上用来突出服装。

### 2. 童装橱窗陈列方法

（1）琴键式橱窗陈列设计。

琴键式橱窗陈列是指将服装像钢琴键盘一样并列展示出来。这种陈列方式具有较强的节奏感和韵律感，可以很好地传递童装款式和童装品牌的年龄消费层，也符合儿童心理特征。为营造童装陈列气氛，琴键橱窗陈列需要对色彩、灯光做一定的规划和设计，营造出温馨的氛围感，视觉上也要舒适，产生一定的引导性，琴键式橱窗陈列如图 8-11 所示。

图 8-11　琴键式橱窗陈列

（2）重点突显式橱窗陈列。

重点突显式橱窗陈列是利用橱窗展示需要重点和突出表现的童装款式的一种陈列方式。这种方式通过道具与儿童模特展现的自由动作，突出儿童生活中的一些姿势和造型，表现出生活状态，引起儿童与父母的共鸣，刺激他们的购买欲望。这种展示方式风格独特、别致，特点突出，个性鲜明，能让大众快速地了解童装品牌文化，重点突显式橱窗陈列如图 8-12 所示。

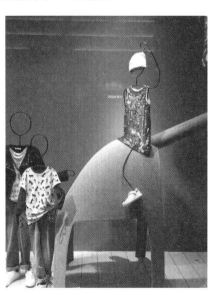

图 8-12　重点突显式橱窗陈列

（3）主题式橱窗陈列。

主题式橱窗陈列的目的是宣扬品牌独特的设计理念。在操作过程中，陈列设计师要根据品牌每期推广的主题，结合道具、服装、模特、灯光等元素进行设计。这种方式需要根据童装品牌的经营理念进行创新设计，让橱窗更具活力，主题式橱窗陈列如图 8-13 和图 8-14 所示。

图 8-13　迪士尼米奇主题橱窗陈列

图 8-14　森林主题橱窗陈列

（4）开放式橱窗陈列。

开放式橱窗陈列是较流行的童装橱窗设计形式。它借用超市的全新零售模式，把店铺进行统一规划，打破框架，让店铺与整体空间融为一体。消费者可以零距离接触童装产品，打破传统的橱窗式隔膜，为消费者带来更自然、无约束的购物体验。在消费者的购物过程中，销售员仅仅作为辅助，这种销售模式因其出色的自由度而深受消费者的欢迎，而且更节省空间和人力成本。虽然开放式橱窗设计摆脱了传统门店玻璃橱窗的形式，但对主要商品的摆放而且位置有着较高的要求，在消费者的舒适视觉区域会摆放重点服装，如图 8-15 所示。

图 8-15　开放式橱窗陈列

## 三、学习任务小结

通过本次任务的学习，同学们已经已初步掌握了童装橱窗陈列的要点与方法。橱窗设计是童装陈列的重要形式，它的作用是促进童装店铺的销售，传播童装品牌文化。课后，大家要认真整理课堂笔记，并利用课余时间主动到大型商业街区的童装橱窗参观，积累童装陈列设计经验。

## 四、课后作业

（1）收集 10 份童装橱窗陈列设计资料，并制作成 PPT 进行分享。

（2）运用童装橱窗陈列方法，设计一款童装橱窗陈列效果图。

# 项目九
# 促销活动卖场陈列及氛围营造

## 教学目标

（1）专业能力：掌握促销活动卖场陈列和氛围营造的方法。

（2）社会能力：关注服装流行趋势，运用卖场陈列和氛围营造的方法，有效营造促销氛围。

（3）方法能力：具备资料收集与整理的能力，典型案例分析的能力，创意设计的能力。

## 学习目标

（1）知识目标：掌握促销活动卖场陈列和氛围营造的方法与技巧。

（2）技能目标：能运用卖场陈列和氛围营造的方法制作促销活动 PPT。

（3）素质目标：根据学习要求收集、分析和整理信息，并进行沟通。

## 教学建议

### 1. 教师活动

（1）教师展示各种服装促销活动卖场图片和视频等资料，并运用多媒体课件、教学视频等多种教学手段，提高学生对促销活动的直观认识。

（2）教师通过促销活动图片的分析与讲解，让学生理解促销活动卖场陈列及氛围营造的方法。

### 2. 学生活动

（1）分组选取不同的促销活动的案例进行分析讲解，提高案例分析能力和表达能力。

（2）学以致用，分组交流和讨论，完成促销活动策划的 PPT 制作并汇报。

# 一、学习问题导入

在商品的全年销售中，为了快速周转库存商品，以打折促销为主题的陈列设计无处不在。对于消费者而言，折扣促销活动能够有效地刺激其产生购买行为，如图9-1所示。营造良好的促销氛围感和具有冲击的视觉效果就是本次任务要学习的内容。

# 二、学习任务讲解

## 1. 促销活动卖场陈列

（1）重点区域陈列重点商品。

在促销期间，针对重点店铺、形象店铺及正价商品系列销售占比较大的店铺，优先考虑将正价服装系列陈列于店铺视觉价值较高的区域，从而维护品牌形象、商品价值以及保证服装销售的业绩，如图9-2所示。

图9-1　店铺促销实例　　　　　　　　　　图9-2　重点区域陈列重点商品实例

（2）促销折扣大的商品陈列。

以销售折扣商品为主要目的或促销力度较大的店铺，促销商品的比例超过30%，店铺视觉价值较高的区域可以陈列促销的主力服装系列，如图9-3所示。

## 2. 氛围营造

常规打折促销期间的客流相对稳定，目标顾客较为明确，主动吸引客流成为店铺在促销期的关键目标，运用视觉手段来营造店铺的促销氛围，吸引顾客进店是陈列师工作的重点，与节假日主题陈列的思路相同，要以促销服装为核心来进行陈列设计。

（1）通过店铺橱窗来营造店铺促销氛围，如图9-4所示的橱窗陈列设计简洁醒目，具有视觉传达功效，能吸引消费者的注意力，诱导其购买商品。

（2）通过展示台来营造店铺促销氛围。通过将重点商品进行展示，丰富店铺展示空间层次从而到达引人注目的效果，如图9-5所示。

（3）通过海报、POP广告来营造店铺促销氛围。图片和文字向消费者传递促销信息，激发消费者的购买欲，促成交易，如图9-6和图9-7所示。

（4）通过模特陈列来营造店铺促销氛围，如图9-8所示，将模特装扮成消费者的形象，营造出购物的氛围，增添陈列的趣味性。

图 9-3　促销折扣大的商品陈列

图 9-4　店铺橱窗1

图 9-5　店铺橱窗设计2

图 9-6　促销海报

图 9-7　POP广告促销

图 9-8　促销模特展示

## 三、学习任务小结

通过本次任务的学习，同学们已经初步了解了促销卖场陈列以及氛围营造的方法，能够进行案例分析。课后同学们还要通过学习和市场调研等方式，不断积累设计素材。

促销活动橱窗设计

## 四、课后作业

以小组为单位，使用促销活动氛围营造知识，完成促销活动策划的PPT并进行课堂汇报。

# 参考文献

[1] 郑琼华,于虹.服装店铺商品陈列实务 [M].2 版.北京:中国纺织出版社, 2015.

[2] 唐海婷.服装陈列及实例解析 [M].北京:化学工业出版社,2014.

[3] 杨超.服装陈列实务 [M].北京:化学工业出版社,2015.

[4] 周辉.图解服装陈列技巧 [M].北京:化学工业出版社,2017.

[5] 林光涛,李鑫.陈列规划 [M].北京:化学工业出版社,2015.

[6] 刘周海,刘文,石永红.女装卖场陈列实战 [M].北京:化学工业出版社,2014.

[7] 喻合.门店布局与商品陈列 [M].北京:电子工业出版社,2017.

[8] 穆芸,潘力.服装陈列设计师教程 [M].北京:中国纺织出版社,2014.

[9] 马丽群,韩雪.服装陈列设计 [M].沈阳:辽宁科技出版社,2008.

[10] 韩阳.卖场陈列设计 [M].北京:中国纺织出版社,2006.

[11] 钟晓莹.引爆注意力——更具商业价值的视觉营销 [M].北京:中信出版社,2021.

[12] 张剑锋.服装店铺色彩营销设计 [M].北京:中国纺织出版社, 2017.